Berichte aus dem
Institut für Umformtechnik
der Universität Stuttgart
Herausgeber: Prof. Dr.-Ing. K. Lange

51

Herbert Blum

Berechnung der elastischen Eigenschaften von Baugruppen im Pressenbau

Mit 55 Abbildungen

Springer-Verlag
Berlin Heidelberg New York 1980

Dipl.-Ing. Herbert Blum
Institut für Umformtechnik
Universität Stuttgart

Dr.-Ing. Kurt Lange
o. Professor an der Universität Stuttgart
Institut für Umformtechnik

ISBN-13:978-3-540-09804-1 e-ISBN-13:978-3-642-81413-6
DOI: 10.1007/978-3-642-81413-6

2362/3020—543210

GELEITWORT DES HERAUSGEBERS

Die Umformtechnik zeichnet sich durch sehr gute Werkstoffauswertung und hohe Mengenleistung in der Serienfertigung gegenüber anderen Fertigungsverfahren aus, wobei Beibehaltung der Masse, Änderung der Festigkeitseigenschaften während eines Vorgangs und elastische Rückfederung der Werkstücke nach einem Vorgang wesentliche Merkmale sind. Weiter sind die benötigten Kräfte, Arbeiten und Leistungen sehr viel größer als z.B. bei spanenden Verfahren. Die sichere Beherrschung eines Verfahrens in der industriellen Fertigung und die zunehmende Forderung nach Vermeidung bzw. Minimierung spanender Nacharbeit erzwingen die geschlossene Betrachtung des Systems "Umformende Fertigung" unter zentraler Berücksichtigung plastizitätstheoretischer, werkstoffkundlicher und tribologischer Grundlagen.

Das Institut für Umformtechnik der Universität Stuttgart stellt entsprechend Forschung und Entwicklung zum einen auf die Erarbeitung von Grundlagenwissen in diesen Bereichen ab, zum anderen untersucht und entwickelt es Verfahren unter Anwendung spezieller Meßtechniken mit dem Ziel einer genauen quantitativen Ermittlung des Einflusses der Parameter von Vorgang, Werkstoff, Werkzeug und Maschine. Die Behandlung von Problemen des Maschinenverhaltens, der Maschinenkonstruktion sowie der Werkzeugauslegung und -beanspruchung, der Auswahl hochbeanspruchbarer, verschleißfester Werkzeugbaustoffe und schließlich der Tribologie gehört entsprechend ebenfalls zum Arbeitsgebiet, das durch die Erfassung organisatorischer und betriebswirtschaftlicher Fragen abgerundet wird.

Im Rahmen der "Berichte aus dem Institut für Umformtechnik" erscheinen in zwangloser Folge jährlich mehrere Bände, in denen über einzelne Themen ausführlich berichtet wird. Dabei handelt es sich vornehmlich um Abschlußberichte von Forschungsvorhaben, Dissertationen, aber gelegentlich auch um andere Texte. Diese Berichte sollen den in der Praxis stehenden Ingenieuren und Wissenschaftlern zur Weiterbildung dienen und eine Hilfe bei der Lösung umformtechnischer Aufgaben sein. Für die Studierenden bieten sie die Möglichkeit zur Vertiefung der Kenntnisse. Die seit zwei Jahrzehnten bewährte freundschaftliche Zusammenarbeit mit dem Springer-Verlag sehe ich als beste Voraussetzung für das Gelingen dieses Vorhabens an.

Kurt Lange

Vorwort

Die vorliegende Arbeit entstand während meiner Tätigkeit als wissenschaftlicher Mitarbeiter am Institut für Umformtechnik der Universität Stuttgart.

Dem Leiter des Instituts, Herrn Professor Dr.-Ing. K. Lange, danke ich für sein Vertrauen und seine Unterstützung bei der Anfertigung dieser Arbeit, die er durch stetes Interesse und wertvolle Anregungen gefördert hat. Herrn Professor K. Talke danke ich für die eingehende Durchsicht der Arbeit und die damit verbundenen Hinweise. Mein Dank gilt ferner allen Mitarbeitern des Instituts für Umformtechnik, die Anteil an der Arbeit nahmen.

Die Mittel zur Durchführung der Untersuchung wurden vom Bundesministerium für Forschung und Technologie zur Verfügung gestellt.

Stuttgart, Juli 1979 Herbert Blum

Inhaltsverzeichnis

Schrifttum

[1] Noppen, R.: Rechneruntestütztes Entwickeln und Konstruieren im Werkzeugmaschinenbau. Industrie-Anzeiger 96 (1974) S. 85 - 89.

[2] Kiesow, H., Mihm, H.: Rechnergestützte Konstruktion von Investitionsgütern. Maschinen-Markt 76 (1976) S. 1404 - 1406.

[3] Brankamp, K., Wiendahl, H.-P.: Rechnergestütztes Konstruieren - Voraussetzung und Möglichkeit. Konstruktion 23 (1971), Heft 5, S. 168 - 178.

[4] Argyris, J. H., Grieger, I.: Konstruktion und Berechnung mit Finiten Elementen. ISD-Bericht Nr. 148, Stuttgart: 1973.

[5] Opitz, H., Beitz, W. u. a.: Vorschlag für ein Projekt: Rechnerunterstütztes Entwickeln und Konstruieren im Werkzeugmaschinenbau. Forschungsbericht DV 72-02 Datenverarbeitung. Bundesministerium für Bildung und Wissenschaft. Leopoldshafen: Kernforschungszentrum 1972.

[6] Schweer, W., Hoppe, H.: Zum Genauigkeitsverhalten mechanischer Pressen. Mitt. DFBO 19 (1968) S. 90 - 95.

[7] Ettlich, W., Horn, D.: Ermittlung der statischen Steife von Großpressen. Maschinenbautechnik 16 (1967) S. 307 - 312.

[8] Volkmann, Chr. U., Hanisch, M.: Untersuchung der Steifigkeit von mechanischen Zweiständerpressen für die Kaltmassivumformung. wt-Z. ind. Fertig. 67 (1977) S. 89 - 93.

[9] Olivo, G.: Prüfung der statischen Steife von Exzenter- und Kurbelpressen. Maschinenbautechnik 13 (1964) S. 345 - 352.

[10] Lehrmann, Th.: Die Grundlagen der Ähnlichkeitsmechanik und Beispiele für ihre Anwendung beim Entwerfen von Werkzeugmaschinen der mechanischen Umformtechnik. Konstruktion 11 (1959) S. 465 - 473.

[11] Autorenkollektiv: Vereinheitlichung von Zweiständerpressen für die Kaltmassivumformung. wt-Z. ind. Fertig. 62 (1972) Nr. 11, S. 688 - 690.

[12] Morgenstern, K.: Werkstoffsparende Auslegung von Pressengestellen. Teil 1, Teil 2, Maschinenbautechnik 24 (1975) 11, 24 (1975) 12 S. 486 - 490, S. 552 - 558.

[13] Kienzle, O.: Die Kenngrößen an Pressen und Hämmern. Werkstattstechnik und Maschinenbau 43 (1953) S. 1 - 5.

[14] Schemperg, L.: Elastische Wechselwirkungen an Gestell und Hauptgetriebe weggebundener Pressen. Berichte aus dem Institut für Umformtechnik der Universität Stuttgart, Nr. 39, Essen, Girardet (1976).

[15] Schulz, E.: Die mechanische Presse als Spezialmaschine für das Fließpressen von Stahl. Klepzig Fachberichte (1965) Mai. S. 195 - 198.

[16] Volkmann, Chr.-U., u. a.: Horizontale und vertikale Steifigkeit von Umformmaschinen - erläutert an Kaltfließpressen. HFF-Bericht 9. Umformtechnisches Kolloquium Hannover vom 17./18. März 1977, S. 179 - 186.

[17] Doege, E., u. a.: Neues über Zweiständer-Pressen für die Kaltmassivumformung. Werkstattstechnik 62 (1972) S. 736 - 742.

[18] Podrabinnik, I. M., Rodov, E. M.: Über die Steifigkeit mechanischer Pressen zum Kaltfließpressen und die Genauigkeit der hergestellten Teile. DRAHT 18 (1967) S. 208 - 212.

[19] Schweer, W., Heiermann, K.: Konstruktionsmerkmale mechanischer Kaltfließpressen. Industrie-Anzeiger 93 (1971), S. 1672 - 1674.

[20] Chait, S. S.: Berechnung kompakter Pressendoppelständer unter Berücksichtigung der Wechselwirkung zwischen Führung und Stößel. (russ.) Kuznecno-stampovocnoe proizvodstvo (1972) deutsch: Auswahlübersetzung (1972) S. 43 - 54.

[21] Geiger, M.: Beitrag zur rechnerunterstützten Auslegung von Pressengestellen. Berichte aus dem Institut für Umformtechnik, Universität Stuttgart, Nr. 28, Essen: Girardet 1974.

[22] Weck, M., Diekhans, N.: Auslegung und Berechnung von Gestellbauteilen. Industrie-Anzeiger 99 (1977) S. 1579 - 1581.

[23] Singh, U. P., Veenstra, P. C., Ramaekers, J. A. H., Hijink, J. A. W.: Numerical Analysis of Four Column Under-Drive Press , Equiped with 4-Guide Pillar Subpress. Presented: 23rd General Assembly of CIRP, Bled: 1973.

[24] Noppen, R.: Berechnung der Elastizitätseigenschaften von Maschinenbauteilen nach der Methode der Finiten Elemente. Dr.-Ing.-Diss. Rhein.-Westf. TH Aachen: 1973.

[25] Radaj, D.: Festigkeitsnachweise - Teil II, Sonderverfahren. Fachbuchreihe Schweißtechnik, Bd. 64, Düsseldorf DVS GmbH 1974.

[26] Argyris, J. H., Grieger, I., Sörensen, M.: Die Methode der endlichen Elemente und ihre Anwendung im Maschinenbau. ISD-Report Nr. 101, Stuttgart: 1971.

[27] Zienkiewicz, O. C.: Methode der finiten Elemente. Wien: Carl Hanser Verlag München 1975.

[28] Buck, K. E., Scharpf, D. W., Stein, E., Wunderlich, W.: Finite Elemente in der Statik, München. W. Ernst u. Sohn 1973.

[29] Argyris, J. H., u. a.: ASKA User's Reference Manual. ISD-Report Nr. 73. Stuttgart: 1971.

[30] Grieger, I.: Computerunterstütztes Entwerfen und Konstruieren mit endlichen Kurven-, Flächen-und Körperelementen. Angewandte Informatik 3 (1973) S. 101 - 113.

[31] Föppl, L.: Der Spannungszustand und die Anstrengung des Werkstoffs bei der Berührung zweier Körper. Forschung Ing.-Wes. Bd. 7 (1936) Heft 7, S. 209 - 221.

[32] Karas, Fr.: Werkstoffanstrengung beim Druck achsenparalleler Walzen nach den gebräuchlichen Festigkeitshypothesen. Forschung Ing.-Wes. Bd. 11 (1940) Heft 6, S. 334 - 339.

[33] Niemann, G.: Maschinenelemente, Band 1, Springer-Verlag, Berlin: 1960.

[34] Löffler, J.: Die Spannungsverteilung in der Berührfläche gedrückter Zylinder auf Grund spannungsoptischer Messungen, Diss. TH Dresden 1938.

[35] Affenzeller, J.: Der Einsatz der FEM zur Lösung von Festigkeits- und Deformations-Problemen bei der Entwicklung von Verbrennungsmotoren. Tagungsbericht "Finite Element Congress Baden-Baden". Stuttgart IKO Software Service GmbH 1975.

[36] Wilson, E. A., Parson, B.: Finite Element Analysis of Elastic Contact Problems Using Differential Displacements. Int. Journal for Numerical Methods in Engineering, Vol. 2, (1970), S. 387 - 395.

[37] Chan, S. K., Tuba, I. S.: A finite element method for contact problems of solid bodies - Part I: Theorie and validitation, Part II: Application to turbine blade fastenings. Int. J. Mech. Sci., Pergamon Press, Vol. 13 (1971) S. 615 - 639.

[38] Scholes, A., Strover, E. M.: The piecewise-linear analysis of two connecting structures including the effect of clearance at the connections. Int. J. for Numerical Methods in Eng., Vol. 3 (1971) S. 45 - 51.

[39] Kuich, G.: Berechnung allgemeiner Schrumpf- und Kontaktprobleme. Tagungsbericht "Finite Element Congress Baden-Baden". Stuttgart: IKO Software Service GmbH 1975.

[40] Fredriksson, B.: On elastic contact problems with friction. A finite element analysis. Linköping Studies in Science and Technology, Diss. No. 6, 1976, Linköping, Schweden.

[41] Sass, F., Bouche, Ch., Leitner, A.: Dubbels Taschenbuch für den Maschinenbau. Band 1, 12. Auflage Springer-Verlag, Berlin: 1966.

[42] Dannenmann, E., Höneß, H., Kilp, K.-H., Lange, K., Schröder, G.: Grundlagen der Werkzeugmaschinen zum Umformen. In: Lange, K.: Lehrbuch der Umformtechnik Bd. 1 Grundlagen, Berlin, Heidelberg, New York, Springer: 1972.

[43] Umbach, R.: Moderne Konstruktionsmethoden zur Auslegung von Pressen. Industrie-Anzeiger 99 (1977), S. 1334 - 1338.

[44] Wagner, H. W.: Steifigkeit mechanischer und hydraulischer Kaltfließpressen. Werkstattstechnik 62 (1972) S. 257 - 261.

[45] Wilhelmy, V., Kiesbauer, H.: Some Users Aspects of TOPAS. Tagungsbericht "Finite Element Congress Baden-Baden". Stuttgart: IKO Software Service GmbH 1976.

[46] Bodisco, U. V.: SUPERNET - Netzgenerator für Finite Elemente. Tagungsbericht "Finite Element Congress Baden-Baden". Stuttgart: IKO Software Service GmbH 1975.

Verzeichnis der wichtigsten Abkürzungen

1 Allgemeine Zeichen

A	Flexibilitätsmatrix (S.44)
a	Breite der Berührzone (S. 54), Außermittigkeit der Belastung (S. 62)
α	Winkel (S.57)
$\mathbf{a}$	Boolsche Zuordnungsmatrix (S. 36)
$\mathbf{B}$	Zusammenfassende Matrix (S. 34)
C	Federzahl (S. 22)
$\mathbf{D}$	Differentialoperator (S. 33)
E	Elastizitätsmodul (S. 34)
$\mathbf{E}$	Matrix der elastischen Werkstoffkennwerte (S. 34)
ε	Verformungskomponente (S. 33)
$\boldsymbol{\varepsilon}$	Spaltenvektor der Verformungen (S. 33)
$\mathbf{f}_e$	Spaltenvektor der Knotenpunktskräfte am Element (S. 35)
$\mathbf{f}$	Spaltenvektor aller Knotenpunktskräfte (S. 36)
F	Kraft (S. 22)
$\mathbf{F}$	Spaltenvektor der Knotenpunktskräfte der Struktur (S. 36)
$\bar{\mathbf{F}}$	Spaltenvektor der Knotenpunktskräfte der Hauptstrukturen (S. 38)
$\mathbf{F}_R$	Spaltenvektor der Knotenpunktskräfte im Berührbereich (S. 42)
I	Flächenträgheitsmoment (S. 67)
k	Kippung (S. 25)
$\mathbf{k}_e$	Elementsteifigkeitsmatrix (S. 35)
$\mathbf{k}$	Diagonale Hypermatrix aller Elementsteifigkeitsmatrizen (S. 36)
K	Steifebeiwert (S.23)
$\mathbf{K}$	Steifigkeitsmatrix der Struktur (S. 36)
$\bar{\mathbf{K}}$	Steifigkeitsmatrix der Hauptstruktur (S. 38)
M	Moment (S. 25)
ν	Poissonsche Zahl (S. 34)
p	Kippsteifebeiwert (S. 25)
q	Lastfaktor (S. 44)
q_a^i	Lastfaktor bei Ablösung des i-ten Knotenpunktpaares (S. 45)

q_b^i Lastfaktor bei Berührung des i-ten Knotenpunktpaares (S. 45)

r Verschiebungskomponente (S. 43)

$\mathbf{r}$ Spaltenvektor der Knotenpunktsverschiebungen der Struktur (S. 36)

$\bar{\mathbf{r}}$ Spaltenvektor der Knotenpunktsverschiebungen der Hauptstruktur (S. 38)

R Randbedingung (S. 41)

$\boldsymbol{\varsigma}_e$ Spaltenvektor der Knotenpunktsverschiebungen eines Elements (S. 32)

$\boldsymbol{\varsigma}$ Spaltenvektor aller Knotenpunktsverschiebungen aller Elemente (S. 36)

s_i Istspiel (S. 43)

σ Spannungskomponente (S. 52)

$\boldsymbol{\sigma}$ Spaltenvektor der Spannungen (S. 34)

t Zeit (S. 96)

τ Schubspannungskomponente (S. 54)

u Verschiebungskomponente (S. 22)

$\mathbf{u}$ kartesischer Verschiebungsvektor (S. 33)

V Volumen (S. 34)

W Arbeit (S. 34)

x, y, z kartesische Koordinaten (S. 41)

2 Indizes

A ... der Struktur A

a Äußere ...

B ... der Struktur B

e Externe ...

el elastischer Anteil

G Gestell...

ges Gesamt...

i Innere ...

k Kipp...

l lokale ...

max Maximal

N Nenn...

0 Anfangs...

p	Vorgeschriebene ... (prescribed ...)
r	Radiale ...
S	Stößel
s	Unterdrückte ... (suppressed ...)
St	Ständer
T	Tisch
Tr	Triebwerk
t	Tangential...
x,y,z	Achsrichtung

Hochgestelltes T	Transponierte (Matrix)
Hochgestelltes -1	Inverse (Matrix)

0 Einleitung

Die Rationalisierung in der Fertigung hat in den letzten Jahren eine erhebliche Verkürzung des Bearbeitungszeitraumes eines Auftrags bewirkt. Daraus ergab sich die Forderung nach ebenfalls kürzeren Bearbeitungszeiten im Konstruktionsbereich [1]. Mit Hilfe der elektronischen Datenverarbeitungsanlagen können Routinetätigkeiten wie z. B. Zeichnungserstellung oder Bereitstellung von Daten und Informationen wirtschaftlicher und zuverlässiger als vom Menschen vorgenommen werden. Darüber hinaus wird die Lösung von Problemen wie z. B. die Ermittlung der Verformungscharakteristik eines kompletten Gestellbauteils möglich, die konventionell nicht zu erreichen ist. Genauere Berechnungsmethoden ermöglichen dabei eine Produktverbesserung oder gar eine Optimierung konstruktiver Details.

Im Zusammenhang mit der "Rechnergestützten Konstruktion" wird in [2] besonders die Einzelfertigung wie z. B. der Großmaschinenbau innerhalb der Investitionsgüterindustrie angesprochen. Dabei spielt die vom Kundenwunsch abhängige Fertigung eine immer größere Rolle, die bei gleichem Umsatz mehr Konstruktions- und Entwicklungsaufwand verursacht [3].

Bei der Einführung der elektronischen Datenverarbeitung in den Konstruktionsbereich kommt neben einer leistungsfähigen DV-Anlage den peripharen Geräten eine große Bedeutung zu. Von den in der Praxis im Einsatz befindlichen Geräten wie z. B. Schnelldrucker, automatische Zeichenmaschine und Mikroplotter ist besonders der interaktive Bildschirm zu erwähnen, der ein wertvolles Hilfsmittel im Dialog Mensch - Computer darstellt [3, 4]. Zur Nutzung der genannten DV-Geräte ist jedoch auch eine entsprechende Software erforderlich, deren Entwicklung bereits seit Jahren öffentlich gefördert wird [5]. Die Bereitstellung der entsprechenden Software sowie die Darstellung neuer Anwendungsbereiche sollen die Einführung der Datenverarbeitung in den Konstruktionsbereich auf breiter Basis ermöglichen.

In der vorliegenden Arbeit sollen Pressen und Pressenbauteile insbesondere im Hinblick auf das elastische Verformungsverhalten untersucht werden.

Die Kenntnis des elastischen Verhaltens, insbesondere der im Kraftfluß liegenden, spielbehafteten Bauteile, kann zu einer verbesserten konstruktiven Ausführung sowie zu maßhaltigeren Produkten führen. In diesem Zusammenhang soll jedoch der Rechenaufwand in erträglichen Grenzen gehalten werden.

1 Stand der Erkenntnisse

Kenngrößen für die Herstellung mechanischer Ein- und Zweiständerexzenterpressen sind in DIN 8650, 8651 genormt. Es handelt sich dabei um die Angabe maximaler Abweichungen der Parallelität zwischen Stößel- und Tischfläche, der Rechtwinkligkeit der Stößelbewegung zum Tisch und anderer genau definierter Meßgrößen. Sämtliche Messungen werden im unbelasteten Fall durchgeführt. Die Einhaltung dieser Kenngrößen, die die Herstellungsgenauigkeit der Maschine wiederspiegeln, stellt eine Voraussetzung für das Erzielen maßhaltiger Werkstücke dar. Um jedoch eine Aussage über die Arbeitsgenauigkeit der Maschine zu gewinnen, die den Betreiber einer Presse besonders interessiert, ist die Kenntnis des elastischen Verhaltens der Presse unerläßlich. Anhand von Meßreihen liegen bereits für verschiedene Ausführungen von Pressenkonstruktionen realisierbare Kenngrößen für das Parallelitätsverhalten von Tisch und Stößel sowie von Gestell- und Triebwerksfederzahlen vor [6, 7, 8, 9]. Die durch Messungen an ausgeführten Pressen erhaltenen Kennwerte können mit Hilfe der Ähnlichkeitsgesetze [10] auf andere Pressen übertragen werden. Da die Ähnlichkeitsgesetze nur bei Einhaltung der Maßstäbe exakt gültig sind, ist in der Praxis mit Abweichungen zu rechnen. Durch empirisch gewonnene Kennwerte, die für eine Pressenklasse typisch sind, können dennoch Aussagen über das Verhalten verschiedener Pressen gemacht werden. Die Einführung von genormten Baureihen z. B. von Kaltfließpressen, wie es ein Normenentwurf vorsieht [11], ermöglicht eine wirtschaftlichere Herstellung der Pressen, gibt dem Anwender einen besseren Überblick über die verfügbaren Pressen und vereinfacht nicht zuletzt die Konstruktion und die Berechnung. Zu einer aus einer Baureihe stammenden Maschine können zugleich genauere rechnerisch ermittelte Maschinenkennwerte sowie Erfahrungswerte angegeben werden, da hier ein Mehraufwand in der Konstruktions- und Entwicklungsphase gerechtfertigt erscheint.

1.1 Statische Steifigkeit mechanischer Zweiständerpressen

1.1.1 Belastung

Zur Bestimmung des elastischen Verhaltens einer Umformmaschine ist die Art der Belastung von entscheidender Bedeutung. Ausgehend von einer quasistatischen Flächenlast, die die Auswirkungen des Umformvorganges auf die Umformmaschine recht gut beschreibt, sind möglichst reale Belastungen zu simulieren. Die Belastung erfolgt ebenso wie beim Umformvorgang senkrecht zu den Werkzeugaufspannflächen von Tisch und Stößel. Die Werkzeugaufspannflächen selbst können horizontal oder vertikal zum Fundament verlaufen. Deshalb sei im folgenden die "Belastungsrichtung" für die Auswertung der elastischen Verformungen kennzeichnend.

Die mittige, symmetrische Belastung zwischen Tisch und Stößel bildet die zweifellos am häufigsten angewandte Methode, das elastische Verhalten der Pressen zu beschreiben. In vielen Untersuchungen [12, 13, 14] wird von dieser Belastungssituation ausgegangen. Dabei geht es insbesondere um die Bestimmung der Gesamtfederzahl. In der Praxis tritt die mittige, symmetrische Belastung meist nur in gewisser Annäherung auf. Bei Werkzeugen mit mehreren Arbeitsstufen liegt die Resultierende der Umformkräfte exzentrisch, da die Kraft-Weg-Verläufe der einzelnen Vorgänge meist unterschiedlich sind [15]. In [11] wird darauf hingewiesen, daß oft auch aus Gründen des Platzbedarfs einzelner Werkzeuge eine Ausmittelung der Kraftresultierenden unmöglich ist. Diese Erkenntnis, daß die reale Belastung meist mehr oder weniger exzentrisch ist, hat in letzter Zeit verstärkt dazu geführt, auch beim Messen unter Last stehender Maschinen exzentrische Belastungen vorzugeben. Die wichtigsten Kenngrößen, die auf diese Weise ermittelt werden sollen, sind die Kippungen und der Mittenversatz der Arbeitsflächen. Damit die Belastungseinrichtung die Ergebnisse nicht verfälscht, wurde in [8] zur Krafteinleitung eine kardanische Kalotte verwendet. Damit kann sich der Pressenstößel nahezu ungehindert senkrecht zur Belastungsrichtung bewegen. Vergleichsmessungen mit und ohne kardanische Kalotte zeigen nach

[8, 16] deutliche Unterschiede der vom eingeleiteten Moment abhängigen Kippung. Bei der Krafteinleitung ohne kardanische Kalotte, d. h. nur mit einem Hydraulikzylinder ergibt sich eine größere Kippsteifigkeit. Während sich bei zentrischer Belastung zur Ermittlung der Auffederung die Nennkraft F_N anbietet, gibt es bei außermittiger Belastung keine ohne weiteres einsehbaren Richtwerte für die Belastung und die Außermittigkeit. Um Vergleichswerte für verschiedene Maschinen zu erhalten, geht ein Vorschlag [17] zur Vereinheitlichung der Ausgangsbedingungen für die exzentrische Belastung von der Nennkraft und der nutzbaren Tischbreite bzw. -tiefe aus.

1.1.2 Elastisches Verhalten in Belastungsrichtung

Im einfachsten Falle sei eine zentrische Belastung zwischen Tisch und Stößel angenommen. Der Kraftfluß erfolgt über den Stößel in das Pleuel und von dort über den Exzenter in die Welle und in die Lager; der Kraftfluß schließt sich über die Ständer und den Tisch. Das elastische Verhalten in Belastungsrichtung ergibt nach Ausgleich der in den Bauteilen vorhandenen Spiele eine Auffederung, die ihre Ursache im wesentlichen in der Verkürzung des Pleuels, der Durchbiegung der Welle und des Querhauptes, der Längung der Seitenständer und der Durchbiegung des Tisches mit Aufspannplatte hat. Aus der gesamten Auffederung zwischen Tisch und Stößel läßt sich die Gesamtfederzahl C_{ges} nach dem Spielausgleich wie folgt bestimmen:

$$C_{ges} = \frac{\Delta F}{\Delta u_z} \qquad (1,0)$$

Diese für den Betreiber einer Presse wichtige Kenngröße beinhaltet die Gestellfederzahl und die Triebwerksfederzahl. Entsprechend dem Modell zweier hintereinandergeschalteter Federn läßt sich die Gesamtfederzahl wie folgt aus der Gestell- und Triebwerksfederzahl darstellen:

$$\frac{1}{C_{ges}} = \frac{1}{C_G} + \frac{1}{C_{Tr}} \qquad (1,1)$$

In der Praxis wurde an verschiedenen Pressen in geschlossener Bauweise das Verhältnis $C_G : C_T = 3$ bis 12 gefunden [6]. Aus (1,1) sowie aus dem Verhältnis C_G/C_T ergibt sich, daß eine Erhöhung der Gesamtfederzahl C_{ges} über die Erhöhung der Triebwerksfederzahl C_T wesentlich wirksamer erreicht werden kann als über eine Erhöhung der Gestellfederzahl C_G [7]. Bei der Berücksichtigung des Werkzeuges und der Ermittlung der Systemfederzahl für Presse mit Werkzeug ergeben sich ähnliche Verhältnisse [18]. Da hier die Werkzeugfederzahl wesentlich kleiner ist als die Gesamtfederzahl der Presse, wäre es zur wesentlichen Erhöhung der Systemfederzahl notwendig, die Werkzeugfederzahl zu erhöhen. Die Erhöhnung der kleinen Triebwerks- und Werkzeugfederzahlen, wie sie für die wesentliche Erhöhung der Gesamt- und der Systemfederzahl erforderlich wären, bereitet in der Praxis große Schwierigkeiten. Während das Triebwerk durch eine steifere konstruktive Ausführung eventuell verbessert werden kann, gibt es z. B. bei einem Fließpreßwerkzeug oft keine Möglichkeit, an dem erforderlichen Stempel Änderungen anzubringen.

Um für verschiedene Pressen eine Aussage über das Auffederungsverhalten in Belastungsrichtung machen zu können, kann aufgrund der Ähnlichkeitsgesetze [10] zwischen C_{ges} und der Pressennennkraft folgende Beziehung angegeben werden:

$$C_{ges} \sim \sqrt{F_N} \qquad (1,2)$$

Auch wenn die geometrische Ähnlichkeit von Pressen einer Baureihe nicht in allen Punkten voll erfüllt ist, so kann doch ein Proportionalitätsfaktor, ein sogenannter Steifebeiwert, angegeben werden. Der Steifebeiwert liegt nach [6] für normale Zweiständer-Exzenterpressen bei K = 8 bis 10 und für Sonderpressen zum Kaltfließpressen bei 10 bis 12,5 (F_N in Mp). Für Keilpressen wird in [19] ein Steifebeiwert von 20 bis 22 angenommen. Eine experimentelle Überprüfung des Zusammenhanges Gl. 1,2 an verschiedenen Pressen in [7] ergab insbesondere für Pressen höherer Nennkraft eine gute Übereinstimmung.

1.1.3 Elastisches Verhalten senkrecht zur Belastungsrichtung

Durch Belastung der Presse mit theoretisch exakt zentrischer, statischer Arbeitsbelastung ergeben sich Momente, die von Tisch und Querhaupt in die Seitenständer eingeleitet werden. Die Biegebeanspruchung in den Seitenständern führt zu elastischen Verformungen senkrecht zur Richtung der Arbeitsbelastung. Die Seitenständer verformen sich dabei in Richtung der Symmetrieachse der Presse. Ein evtl. vorhandenes Spiel zwischen Stößel und Führungen wird zumindest teilweise ausgeglichen. Die Seitenständer üben dabei auf den Stößel Klemmkräfte aus [20]. In der Praxis muß davon ausgegangen werden, daß die Arbeitsbelastung nicht exakt zentrisch erfolgt. Ebenso ist einzuräumen, daß die konstruktive Ausführung der Presse nicht exakt symmetrisch ist. Beide angeführten Punkte ergeben ein asymmetrisches Verformungsverhalten der gesamten Presse. Betrachtet man einen Vorgang unter steigender Arbeitsbelastung, so ergibt sich zunächst ein undefinierter Ausgangszustand. Das Spiel in Belastungsrichtung sowie das Spiel senkrecht hierzu wird zunächst ausgeglichen, bevor die eigentliche elastische Verformung beginnt. Bei der Betrachtung der Verschiebungen senkrecht zur Belastungsrichtung ist das Spiel zwischen Stößel und Führung von besonderer Bedeutung. Der Ausgleich dieses Spiels im Anfangsstadium der Belastung bringt neben der "Anfangskippung" des Stößels einen "Anfangsmittenversatz" mit sich. Der prinzipielle Verlauf der Versatz- und der Kippungskurve ist in [8] dargestellt. Messungen zum Parallelitätsverhalten zwischen Tisch und Stößel wurden in [6] durchgeführt.

Die Kippung des Stößels stellt insbesondere eine Folge einer außermittig eingeleiteten Arbeitsbelastung, die sich bei Stufenwerkzeugen nicht vermeiden läßt, dar. Das elastische Verhalten in Belastungsrichtung sowie senkrecht dazu beeinflußt die Stößelkippung. Analog zur Definition der Gesamtfederzahl in Belastungsrichtung läßt sich eine Kippzahl zur Kennzeichnung des Parallelitätsverhaltens von Tisch- und Stößelfläche angeben.

$$c_k = \frac{\Delta M}{\Delta k_{ges}} \qquad (1,3)$$

Für ähnliche Pressen wird in [8] mit Hilfe eines Kippsteifebeiwertes "p" die Kippzahl folgendermaßen angegeben:

$$c_k = p \cdot \sqrt{F_N^3} \qquad (1,4)$$

Eine Überprüfung dieses Zusammenhanges in größerem Maßstab an Pressen verschiedener Bauarten steht noch aus. Im Gegensatz zur Untersuchung des elastischen Verhaltens in Belastungsrichtung wird erst in jüngster Zeit im Hinblick auf die Herstellung genauerer Produkte dem elastischen Verhalten senkrecht zur Belastungsrichtung Beachtung geschenkt [23].

1.1.4 Auswirkungen der Verformungen der Presse

Es soll hier davon ausgegangen werden, daß für einen durchzuführenden Umformvorgang (z. B. Kaltfließpressen) eine Zweiständerpresse entsprechender Nennkraft vorhanden ist. Eine Presse mit höherer Nennkraft, die im Hinblick auf das elastische Verhalten zwar günstiger wäre, wird nicht voll ausgenützt und ist deshalb unwirtschaftlich. Die elastischen Verformungen der werkzeugtragenden Arbeitsflächen von Tisch und Stößel werden direkt auf das Werkzeug und dann auf das Werkstück übertragen. Als bekannteste Kenngröße des elastischen Verhaltens bewirkt die Auffederung in Belastungsrichtung eine Maßungenauigkeit der Gesamtlänge (z. B. beim Stauchen), der Bodendicke (z. B. beim Napf-Rückwärtsfließpressen) oder der Flanschdicke (z. B. Hohl-Vorwärtsfließpressen) eines Fließpreßteiles. Diese Maßungenauigkeit ließe sich durch eine Verstellung des Hubes ausgleichen, wenn die Preßkraft für jedes herzustellende Teil konstant wäre. Aus einer Reihe von Gründen wie z. B. veränderte Werkstoffqualität und Rohteilvolumen bleibt die benötigte Preßkraft nicht konstant. Die Schwankungen der Preßkraft, die somit unterschiedliche elastische Auffederungen bewirken, bestimmen die erzielbare Toleranz [18]. Der Mittenversatz von Stößel und Tisch, der sich zusammen mit der Parallelitätsabweichung, ebenfalls auf das Werkzeug und damit auf das Werkstück überträgt, bewirkt eine Maßabweichung der Außen- zur Innenkontur und zusätzlich erhöhten Verschleiß an den Werkzeugen. Das insbesondere durch die Parallelitätsabweichung entstehende Biegemoment auf den gehärteten Stempel führt häufig zum Bruch des Stempels.

1.2 Übliche Vorgehensweise bei der Berechnung von Pressen und Pressenbauteilen

Für die Festigkeitsberechnung kommen in erster Linie die im Kraftfluß liegenden Bauteile in Betracht. Zur elastizitätstheoretischen Berechnung des komplexen Systems der Presse ist eine Aufteilung in Baugruppen oder Bauelemente erforderlich. Da die Randbedingungen der zu berechnenden Elemente häufig nur ungenau oder überhaupt nicht bekannt sind, ergeben sich Ungenauigkeiten in den Ergebnissen. In diesem Zusammenhang ist insbesondere die Krafteinleitung und -übertragung von einem Bauteil in ein anderes (z. B. Pleuel /Exzenter oder Welle / Lager) zu nennen. Zusätzlich bereiten spielbehaftete Bauteile durch mögliche Verlagerungen erhebliche Schwierigkeiten bei der Berechnung. Je nach dem angewendeten Rechenverfahren ist die komplizierte geometrische Gestalt der Bauteile zu vereinfachen. Dadurch ergeben sich weitere Ungenauigkeiten bei der Berechnung, die nicht ohne weiteres abzuschätzen sind.

Zur rechnerischen Behandlung des Pressenrahmens bietet sich zunächst die Balkentheorie bzw. das Prinzip der virtuellen Arbeit an. Die Aufteilung des Rahmens in einzelne Balkenelemente ermöglicht unter Beachtung der entsprechenden Randbedingungen die Lösung dieses statisch unbestimmten Problems [20, 21]. Ein Vergleich von Rechnung und Messung ergibt jedoch große Abweichungen [21]. Damit ist diese Methode nur geeignet, einen groben Überblick über das elastische Verhalten des Pressenrahmens zu geben.

Eine genauere Methode, ebenfalls für Bauteile, die sich als Balken darstellen lassen, ist in [22] beschrieben. Mit Hilfe von Rechnerprogrammen lassen sich hier relativ komplizierte Balkensysteme aufbauen. Durch die zusätzliche Berücksichtigung von Fügestellen, wie z. B. Flanschverbindungen oder Führungsverbände läßt sich die Qualität der Ergebnisse weiter verbessern. Die Einfachheit der Berechnung gestattet insbesondere durch Variation der geometrischen Haupteinflußgrößen die Durchführung von Optimierungsrechnungen [23]. Bedingt durch zahlreiche vereinfachende Annahmen, die sich bei der Idealisierung der realen Struktur durch Balkenelemente nicht vermeiden lassen, ist diese Vorgehensweise nur für die erste Auslegungsphase geeignet. Eine genauere Analyse der Spannungen und Verschiebungen durch eine zwei- oder dreidimensionale Betrachtung kann dadurch nicht ersetzt werden.

Zur Durchführung zwei- oder dreidimensionaler Analysen komplizierter Strukturen wie sie beispielsweise bei Werkzeugmaschinen vorliegen, hat sich die Methode der Finiten Elemente bereits bewährt. So wird in [24] die Verformungscharakteristik eines Maschinenbettes für eine Rundschleifmaschine mit Hilfe des Finite Elemente Programmsystems FINEL untersucht. Ebenfalls mit der Methode der Finiten Elemente wurde in einer grundlegenden Arbeit von GEIGER [21] die Eignung dieses Verfahrens zur Berechnung von Pressengestellen untersucht. Es handelt sich dabei um den Vergleich zwischen Messung und Rechnung an einem Pressengestell einer ausgeführten Kurbelpresse in O-Gestell-Bauart. Es hat sich dabei gezeigt, daß eine reine Gestellberechnung mit vertretbarem Aufwand möglich ist. Zugleich wurde deutlich, daß neben der möglichst genauen Nachbildung der realen Ausführung der Maschine den Randbedingungen, gegeben durch angrenzende, sich berührende Bauteile, besondere Beachtung geschenkt werden muß. In diesem Sinne wurden in [14] die elastischen Wechselwirkungen zwischen verschiedenen Bauteilen untersucht. Ebenso wie [21] bezieht sich auch diese Arbeit auf symmetrische Lastfälle, in denen das elastische Verhalten in Belastungsrichtung im Vordergrund steht.

2 Lösungsweg zur Berechnung von Maschinenelementen

2.1 Zielsetzung

Die Methode der Finiten Elemente wurde, wie bereits erwähnt, in der Vergangenheit erfolgreich auf Pressen und Pressenbauteile angewendet [14, 16, 21]. Die daraus resultierenden Erfahrungen zeigen aber zugleich die Schwierigkeiten und die Grenzen einer solchen Berechnung auf. Die Grenzen sind im wesentlichen in der Möglichkeit der rechnerischen Behandlung von Problemen abhängig vom verwendeten FE-Programmsystem und in der Wirtschaftlichkeit einer solchen Berechnung zu suchen.

Ziel der Arbeit ist es deshalb, durch Zusatzprogramme zu bestehenden FE-Programmsystemen deren Anwendungsbereich zu erweitern und die Benutzerfreundlichkeit sowie die Wirtschaftlichkeit zu erhöhen. Die Erweiterung des Anwendungsbereichs der Methode der Finiten Elemente soll dadurch erfolgen, daß die Berechnung von Berührproblemen in die Berechnung mit einbezogen wird. Zur Erhöhung der Wirtschaftlichkeit der Berechnungen sollen Zusatzprogramme die Datenerstellung übernehmen.

Neben einigen Problemen zum Austesten von Programmen werden vor allem spezifische Probleme des Pressenbaus behandelt. Dies sind im einzelnen die Baugruppen von Zweiständerpressen, wie z. B. Pleuel-Exzenterrad, Stößel-Führung und Welle-Lager. Die Ergebnisse dieser Berechnungen sollen besonders dem Pressenkonstrukteur nützen. Daneben ergeben sich aber auch besondere Aspekte in der Anwendung der FEM, die jedem Anwender von FE-Programmsystemen Möglichkeiten aufzeigen, um Berechnungen wirtschaftlich zu gestalten.

2.2 Aufbau von Programmoduln

Als Ausgangspunkt ist zunächst festzustellen, daß insbesondere bei der Berechnung von Pressen und Pressenbauteilen oder allgemein bei Maschinenbauteilen immer wieder die gleichen Bauteile und Bauteilkombinationen auftreten. Es liegt deshalb nahe, bauteilspezifische FE-Programme zu entwickeln, die dennoch so flexibel sind, daß geometrisch mehr oder weniger ähnliche Bauteile genügend genau berechnet werden können. Zugleich soll aber der zusätzliche Aufwand zur Erstellung eines derartigen FE-Programmes in erträglichen Grenzen gehalten werden. Ein einmal erstelltes bauteilspezifisches FE-Programm kann als eigenständiger Programmbaustein oder im Verbund mit anderen FE-Programmen Anwendung finden. Der Aufbau einer Programmbibliothek erweist sich im Hinblick auf wirtschaftlichen Einsatz der FEM als besonders empfehlenswert. FE-Programmoduln wurden für verschiedene typische Bauteilekonfigurationen erstellt. Als Beispiel seien hier die Bauteile Welle mit Lager und ein einfaches ebenes Pressenmodell einer O-Gestell-Presse genannt.

Der aus einem allgemein anwendbaren FE-Programmsystem aufzubauende Programmodul soll im Idealfall sämtliche Bauteilekonfigurationen derselben Art erfassen können. Entsprechend der vorgeschriebenen Vorgehensweise des anzuwendenden FE-Programmsystems sind die üblichen Überlegungen zur Strukturbeschreibung zu machen. Sämtliche Eingabedaten, die sich bei späteren Rechnungen möglicherweise ändern, werden, wie z. B. die Geometriedaten, variabel gestaltet. Die maximal zulässige Abweichung von der exakt geometrisch ähnlichen Ausführung der Bauteile kann durch ein zusätzliches Prüfprogramm überwacht werden. Bei einem auf diese Weise erstellten Programmodul kann in jedem Fall die Anzahl der notwendigen Eingabedaten im Vergleich zum allgemeinen FE-Programmsystem wesentlich reduziert werden. Bereits nach wenigen Berechnungen, insbesondere z. B. zur Optimierung von Varianten einer Baugruppe, lohnt sich ein eventueller Mehraufwand zur Erstellung des Programmoduls. Voraussetzung zur Durchführung der beschriebenen Vorgehensweise ist die genaue Definition der Schnittstelle von Dateneingabe und FE-Rechnung. Nur so ist ein Eingriff in das vorhandene FE-Programmsystem möglich.

Die Grenzen dieser Vorgehensweise liegen zum einen in der Bindung an ein einmal gewähltes FE-Programmsystem und zum anderen in den im Programmodul vorgesehenen Möglichkeiten zur Berechnung verwandter Bauteilekonfigurationen.

2.3 Berechnung von Detailproblemen

Falls die Berechnung lediglich einen bestimmten Bereich einer Gesamtkonstruktion erfaßt, soll im folgenden von Detailproblemen gesprochen werden. Hierbei ist z. B. an die Baugruppe Welle-Lager gedacht, die herausgelöst aus der Gesamtkonstruktion getrennt analysiert wird. Vom Rechenaufwand her gesehen wird das Problem dadurch entscheidend reduziert, so daß in manchen Fällen erst eine Lösung wirtschaftlich oder möglich wird. Dabei spielt besonders die begrenzte Speicherkapazität des zur Verfügung stehenden Rechners eine Rolle.

Bei der Lösung von Detailproblemen muß den Randbedingungen besondere Beachtung geschenkt werden. Neben der Abstützung der Bauteile durch Kräfte, können die Randbedingungen ebenso durch vorgegebene Verschiebungen oder in bestimmten Fällen durch näherungsweise angenommene Auflager aus Rechnung oder Messung gegeben sein. Der Einfluß der Randbedingungen auf den interessierenden Bereich des Detailproblems ist in jedem Falle abzuschätzen.

2.4 Berücksichtigung von Berühreffekten

Durch die Belastung einer Maschine bzw. eines Maschinenelementes treten elastische Verformungen auf. Dabei ergeben sich zwischen angrenzenden Maschinenelementen Wechselwirkungen. Am Beispiel eines Radiallagers mit Welle können die Vorgänge deutlich gemacht werden. Durch die Belastung der Welle erfolgt nach dem Spielausgleich eine Abstützung am Lager. Da die Durchbiegung der Welle ebenso wie die Verformung des Lagers lastabhängig ist, kann von vornherein keine exakte Aussage darüber gemacht werden, wie die Abstützung der Welle am Lager erfolgt. Zur Durchführung einer Berechnung nach der Methode der Finiten Elemente sind jedoch bekannte Randbedingungen Voraussetzung. Deshalb müssen die Vorgänge in der Berührzone vor der eigentlichen Bauteilberechnung ermittelt werden. Die Erfassung der Berühreffekte soll durch ein zu entwickelndes Rechnerprogramm in die gesamte Bauteilberechnung mit einbezogen werden.

3 Methode der Finiten Elemente

3.1 Einführung

Die konstruktive Ausbildung von Maschinenbauteilen, im besonderen die einer Presse, gestattet zur Berechnung meist nicht die Anwendung einer geschlossenen analytischen Lösung wie sie für einfachere Bauteile wie z. B. Balken, Platte usw. möglich ist. Mit der Entwicklung und dem Ausbau der elektronischen Datenverarbeitungsanlagen sind numerische Rechenverfahren in den Vordergrund getreten. Die bekanntesten Lösungsalgorithmen sind das Differenzenverfahren und die Finite-Elemente-Methode. Beide Methoden gehören zu den diskreten Näherungsverfahren. Während sich das Differenzenverfahren wegen Schwierigkeiten in der Programmaufbereitung nur für einfachere Bauteile durchgesetzt hat, wird die Methode der Finiten Elemente bereits in zahlreichen Programmsystemen und für unterschiedlichste Berechnungen genützt [25]. Als Anwendungsgebiete seien hier nur die Bereiche Luft- und Raumfahrttechnik,Reaktortechnik, Automobilbau und Maschinenbau genannt.

Die Vorgehensweise bei der Berechnung von Strukturen mit Hilfe der Methode der Finiten Elemente beruht darauf, daß die zu berechnende Struktur zunächst auf ein Modell (Idealisierung), aus endlichen Elementen bestehend, abgebildet wird. Berechnet wird also nicht die reale sondern die idealisierte Struktur. Die Abstrahierung des realen Bauteils zum Rechenmodell erfolgt in der Praxis durch zahlreiche Vereinfachungen. Diese Vereinfachungen sind zum einen in den Möglichkeiten des verwendeten FE-Programmsystems begründet, zum anderen in den Anforderungen an eine derartige Berechnung.

Die meisten verfügbaren FE-Programmsysteme bauen auf einem Programmteil für statisch, linear-elastische Berechnungen auf und unterscheiden sich meist in Weiterentwicklungen für nichtlineare und dynamische Berechnungen. Ein Überblick über verschiedene in der Bundesrepublik Deutschland eingesetzte FE-Programmsysteme wird in [25] gegeben. Das FE-Programmsystem ASKA [26, 29], das hier Anwendung finden soll, zeichnet sich insbesondere durch die große Anzahl verfügbarer Elemente aus.

Im folgenden soll auf die mathematische Formulierung kurz eingegangen werden. Aufbauend darauf wird anschließend die Behandlung der Berühreffekte zwischen angrenzenden Bauteilen dargestellt.

3.2 Theorie und Vorgehensweise

Die Aufgabe der Festigkeitsbereichnung, die hier mit der Methode der Finiten Elemente (FEM) durchgeführt werden soll, besteht in der Analyse des Spannungs- und Formänderungszustandes bei beliebig belasteten Bauteilen. Ausgangspunkt der nachfolgenden Betrachtungen bildet das elastische Verhalten der einzelnen Elemente des Rechenmodells, das durch die Elementsteifigkeitsmatrizen beschrieben wird. Durch Zusammenfassung der Elementsteifigkeitsmatrizen kann die Steifigkeitsmatrix der Gesamtstruktur ermittelt werden. Die Anwendung des Prinzips der virtuellen Arbeit ermöglicht die Aufstellung eines linearen Gleichungssystems zwischen der Steifigkeitsmatrix, den Belastungen der Struktur und den unbekannten Knotenpunktsverschiebungen.

Die im folgenden dargestellte kurze Einführung in die FEM soll insbesondere die Vorgehensweise bei der Berechnung der Berühreffekte verständlich machen. Ausführliche Darstellungen der Theorie der FEM sind in zahlreichen Standardwerken [26, 27, 28] enthalten.

3.2.1 Mathematische Formulierung auf Elementebene

Die zu berechnende, verhältnismäßig komplizierte Struktur wird zunächst auf eine beschränkte Anzahl endlicher (finiter) aber einfacher Elemente zurückgeführt. Die Koppelung der einzelnen Elemente zur Gesamtstruktur soll an den vorhandenen Eck- oder Zwischenknotenpunkten erfolgen. Bei der Matrizenverschiebungsmethode, auf die hier eingegangen werden soll, stellen die Verschiebungen dieser Knotenpunkte die Unbekannten dar. Ausgehend von den Knotenpunktsverschiebungen ς_e soll über entsprechende Ansatzfunktionen der Verschiebungszustand an einer beliebigen Elementstelle beschrieben werden.

$$\mathbf{u}\,(x,\,y,\,z) = \boldsymbol{\omega}\cdot\boldsymbol{\varsigma}_e \tag{3,1}$$

Es gilt nun, die zunächst unbekannte Funktion $\boldsymbol{\omega}$, die Matrix der Ansatzfunktionen, für den speziellen Elementtyp zu finden. Im einfachsten Falle kann ein Polynomansatz den Zusammenhang zwischen den Daten an den Elementknoten (Verschiebungen, Temperatur) und an einer beliebigen Stelle im Element darstellen. Für ein Dreiecks-Membran-Element mit drei Eckknoten erhält man in x und y lineare Polynome. Die Verschiebungen entlang der Dreiecksseiten verhalten sich somit linear. Durch die Einführung dimensionsloser Koordinaten können Interpolationsfunktionen oft durch einfaches Prüfen direkt aufgestellt werden. In vielen Elemententwicklungen finden Lagrange- sowie auch Hermite-Interpolationsfunktionen Anwendung [30]. Mit steigender Anzahl der Knotenpunkte können höhere Polynomansätze bestimmt werden. Um nicht eine zu große und damit unhandliche Anzahl von Knotenpunkten zu erhalten, werden z. B. im Falle der Hermite-Interpolation "verallgemeinerte Koordinaten" eingeführt, wobei die Ableitungen an den Stützstellen mit in die Rechnung eingehen.

Nachdem die Verschiebungen an jedem beliebigen Punkt des Elementes bekannt sind, können die Dehnungen im Element auf folgende Weise ermittelt werden.

$$\boldsymbol{\varepsilon} = \mathbf{D}\cdot\mathbf{u} \tag{3,2}$$

Unter $\boldsymbol{\varepsilon}$ wird hier der Spaltenvektor der Dehnungen und der Schiebungen

$$\boldsymbol{\varepsilon}(x,\,y,\,z) = \left\{\varepsilon_{xx}, \varepsilon_{yy}, \varepsilon_{zz}, \varepsilon_{xy}, \varepsilon_{yz}, \varepsilon_{xz}\right\} \tag{3,3}$$

und unter $\mathbf{D}$ der Differentialoperator

$$\mathbf{D} = \begin{bmatrix} \partial/\partial_x & 0 & 0 \\ 0 & \partial/\partial_y & 0 \\ 0 & 0 & \partial/\partial_z \\ \partial/\partial_y & \partial/\partial_x & 0 \\ 0 & \partial/\partial_z & \partial/\partial_y \\ \partial/\partial_z & 0 & \partial/\partial_x \end{bmatrix} \tag{3,4}$$

verstanden. Nachdem die Dehnungen bekannt sind, können nun die Spannungen für linearelastische und isotrope Werkstoffe nach Hook folgendermaßen errechnet werden:

$$\boldsymbol{\sigma} = \mathbf{E} \cdot \boldsymbol{\varepsilon} \qquad (3,5)$$

Der Spannungszustand sei durch

$$\boldsymbol{\sigma}(x,y,z) = \left\{\sigma_{xx}, \sigma_{yy}, \sigma_{zz}, \sigma_{xy}, \sigma_{yz}, \tau_{xz}\right\} \qquad (3,6)$$

vollständig definiert. $\mathbf{E}$ ist die Elastizitätsmatrix und hat mit dem E-Modul E und der Querkontraktionszahl ν folgendes Aussehen:

$$\mathbf{E} = \frac{E}{(1+\nu)(1-2\nu)} \begin{bmatrix} 1-\nu & \nu & \nu & 0 & 0 & 0 \\ & 1-\nu & \nu & 0 & 0 & 0 \\ & & 1-\nu & 0 & 0 & 0 \\ & & & \frac{1-2\nu}{2} & 0 & 0 \\ & & & & \frac{1-2\nu}{2} & 0 \\ \text{sym.} & & & & & \frac{1-2\nu}{2} \end{bmatrix} \qquad (3,7)$$

Durch Einsetzen von (3,1) in (3,2) kann die Dehnung in Abhängigkeit von der Knotenpunktsverschiebung angegeben werden.

$$\boldsymbol{\varepsilon} = \mathbf{D} \cdot \boldsymbol{\omega} \cdot \boldsymbol{\varsigma}_e = \mathbf{B} \cdot \boldsymbol{\varsigma}_e \qquad (3,8)$$

Die Anwendung des Prinzips der virtuellen Arbeit, wonach die von den äußeren Kräften und den entsprechend virtuellen Verschiebungen geleistete "äußere" Arbeit gleich der "inneren" Arbeit, gebildet durch die inneren Spannungen und die entsprechenden virtuellen Dehnungen gesetzt wird, ergibt sich für die "innere" Arbeit:

$$\delta W_i = \int_V \delta \boldsymbol{\varepsilon}^T \boldsymbol{\sigma} \, dV \qquad (3,9)$$

Durch Einsetzen von Gl. (3,5) und (3,8) kann (3,9) wie folgt geschrieben werden:

$$\delta W_i = \delta \boldsymbol{\varrho}_e^T \cdot \int_V \mathbf{B}^T \cdot \mathbf{E} \cdot \mathbf{B} \, dV \, \boldsymbol{\varrho}_e \qquad (3,10)$$

Für die "äußere" Arbeit ergibt sich aus den an den Elementknoten angreifenden Kräfte f_e und den virtuellen Knotenpunktsverschiebungen:

$$\delta W_a = \delta \boldsymbol{\varrho}_e \cdot \mathbf{f}_e \qquad (3,11)$$

Durch Gleichsetzen der inneren und der äußeren Arbeit ergibt sich die Gl. (3,12) mit den unbekannten Knotenpunktsverschiebungen:

$$\mathbf{f}_e = \int_V \mathbf{B}^T \cdot \mathbf{E} \cdot \mathbf{B} \, dV \, \boldsymbol{\varrho}_e = \mathbf{k}_e \cdot \boldsymbol{\varrho}_e \qquad (3,12)$$

Die Matrix der Elementsteifigkeit ergibt sich damit als:

$$\mathbf{k}_e = \int_V \mathbf{B}^T \cdot \mathbf{E} \cdot \mathbf{B} \, dV \qquad (3,13)$$

Die Elemente der Steifigkeitsmatrix lassen sich als Kräfte interpretieren, die benötigt werden, um eine Verschiebung vom Betrag $\boldsymbol{\varrho} = 1$ zu erhalten.

3.2.2 Mathematische Formulierung auf Strukturebene

Der Übergang von der Elementebene zur Strukturebene soll anschaulich durch die Koppelung der Elemente an den Knotenpunkten erfolgen. Für benachbarte Elemente wird an den Elementkanten kinematische Verträglichkeit gefordert, d. h. die Elemente dürfen sich weder durchdringen noch auseinanderklaffen.

Die Eindeutigkeit an den Elementgrenzen, die durch die Ansatzfunktionen der Verschiebungen erreicht wird, ermöglicht somit die Errechnung der Dehnungen (Gl. 3,2) der gesamten Struktur.Unstetigkeit an den Elementübergängen führt zu unendlichen Verzerrungen. Neben der kinematischen Verträglichkeit ist nun noch die statische Verträglichkeit, d. h. die Gleichgewichtsbedingung zu erfüllen. Danach sollen die angreifenden äußeren Kräfte, die auf entsprechende Knoten verteilt sind, mit den fiktiven Knotenkraftgrößen der Elemente im Gleichgewicht stehen.

Durch Zusammenfassung der Elementknotenpunktsverschiebungen $\boldsymbol{\varrho}_e$ zu dem Spaltenvektor $\boldsymbol{\varrho}$ und der Elementknotenkräfte $\boldsymbol{f}_e$ zum Spaltenvektor $\boldsymbol{f}$ sowie der Elementsteifigkeiten $\mathbf{k}_e$ zur diagonalen Hypermatrix $\mathbf{k}$ erhält man die Beschreibung auf Strukturebene. Die Zuordnung der Elementknotenpunktsverschiebungen $\boldsymbol{\varrho}$ zu den Knotenpunktsverschiebungen $\boldsymbol{r}$ auf Strukturebene erfolgt über die rechteckige Boolsche Zuordnungsmatrix $\boldsymbol{a}$, die nur die Werte 0 und 1 besitzt, wenn die Richtungen der Freiheitsgrade von $\boldsymbol{\varrho}$ und $\boldsymbol{r}$ übereinstimmen:

$$\boldsymbol{r} = \boldsymbol{a}^T \cdot \boldsymbol{\varrho} \qquad (3,14)$$

Für die Knotenpunktskräfte $\boldsymbol{f}$ und die äußere Belastung $\boldsymbol{F}$ ergibt sich eine ähnliche Beziehung:

$$\boldsymbol{F} = \boldsymbol{a}^T \cdot \boldsymbol{f} \qquad (3,15)$$

Die Gesamtsteifigkeitsmatrix $\mathbf{K}$ erhält man durch Transformation der Hypermatrix $\mathbf{k}$ mit der Boolschen Matrix $\boldsymbol{a}$. Dies entspricht der Addition zugehöriger Beiträge der einzelnen Elementsteifigkeiten:

$$\mathbf{K} = \boldsymbol{a}^T \cdot \mathbf{k} \cdot \boldsymbol{a} \qquad (3,16)$$

Als Gleichgewichtsbeziehung für die Gesamtstruktur ergibt sich entsprechend Gl. 3,12 ein lineares Gleichungssystem, wobei $\boldsymbol{r}$ die unbekannten Strukturverschiebungen darstellen:

$$\boldsymbol{F} = \mathbf{K} \cdot \boldsymbol{r} \qquad (3,17)$$

Um verschiedene Randbedingungen in die Gl. (3,17) einarbeiten zu können, soll die Matrix $\mathbf{K}$ entsprechend den zu berücksichtigenden kinematischen Randbedingungen aufgeteilt werden. Die Aufteilung erfolgt in lokale, d. h. gesuchte (l), in unterdrückte (s) (Verschiebung = 0) und in vorgeschriebene (p) Freiheitsgrade. Die Beziehung (Gl. 3,17) läßt sich somit nach [4] wie folgt darstellen:

$$\begin{Bmatrix} \boldsymbol{F}_l \\ \boldsymbol{F}_p \\ \boldsymbol{F}_s \end{Bmatrix} = \begin{bmatrix} \mathbf{K}_{ll} & \mathbf{K}_{lp} & \mathbf{K}_{ls} \\ \mathbf{K}_{pl} & \mathbf{K}_{pp} & \mathbf{K}_{ps} \\ \mathbf{K}_{sl} & \mathbf{K}_{sp} & \mathbf{K}_{ss} \end{bmatrix} \cdot \begin{Bmatrix} \boldsymbol{r}_l \\ \boldsymbol{r}_p \\ \boldsymbol{r}_s \end{Bmatrix} \qquad (3,18)$$

Für die Auflösung des Gleichungssystems (3,18) werden nur die Matrizen $\mathbf{K}_{ll}$ und $\mathbf{K}_{lp}$ benötigt. Falls vorgeschriebene Verschiebungen $\mathbf{r}_p$ vorhanden sind, ergeben sich die lokalen Verschiebungen zu:

$$\mathbf{r}_l = \mathbf{K}_{ll}^{-1} [\mathbf{F} - \mathbf{K}_{lp} \cdot \mathbf{r}_p] \qquad (3,19)$$

Die Tatsache, daß die Matrix $\mathbf{K}_{ll}$ symmetrisch und positiv definit ist, wird im FE-Programmsystem ASKA dazu benützt, das Cholesky Verfahren zur Lösung von Gl. (3,19) anzuwenden. Die Symmetrieeigenschaften der Steifigkeitsmatrix $\mathbf{K}_{ll}$ bzw. von $\mathbf{K}$ (Gl. 3,16) zur Hauptdiagonalen ergibt sich nach den Theorien von Maxwell-Betti. Bezogen auf die oben angeführte Deutung der Elemente der Steifigkeitsmatrix bedeutet dies, daß eine an der Stelle i angreifende Last k_{ij}, die an der Stelle j eine Einheitsdeformation verursacht, identisch ist mit der Last k_{ji}, die an der Stelle i dieselbe Deformation hervorruft. Die Symmetrieeigenschaft spielt auch bei den folgenden Ausführungen noch eine Rolle. Die rechentechnische Behandlung des zu lösenden Gleichungssystems (3,18) wird dadurch vereinfacht, daß die Steifigkeitsmatrix nur bandförmig zur Hauptdiagonalen belegt ist. Durch Umordnung des Bandes zu einem Rechteckfeld können auf diese Weise Speicherplätze eingespart werden. Der bandförmige Charakter der Steifigkeitsmatrix hat seine Ursache in der Anordnung der Elemente und der Knotenpunktsnumerierung. Oft sind in FE-Programmsystemen (FINEL, ASKA) Möglichkeiten vorgesehen, um für die rechnerinterne Verarbeitung eine günstigere Knotenpunktsnumerierung zu wählen. Dabei wird insbesondere darauf geachtet, daß die Knotenpunktsdifferenz für ein Element möglichst gering wird, um die Bandbreite der Steifigkeitsmatrix zu reduzieren. Neben geringerem Speicherplatzbedarf wird bei geringerer Bandbreite der Steifigkeitsmatrix auch weniger Rechenzeit zur Lösung des Gleichungssystems benötigt.

3.2.3 Unterstrukturtechnik

Die Unterstrukturtechnik stellt für den Anwender von FE-Software eine wesentliche Vereinfachung dar. Man versteht darunter die Möglichkeit der Beschreibung einzelner Teiltragwerke, d. h. Beschreibung der Teilstruktur mit finiten Elementen und die Zusammenfassung zum Gesamttragwerk. Die Aufteilung in Teilstrukturen erfolgt oft in Beziehung zu den Funktionen der Baugruppen wie z. B. in Pleuel-Exzenterrad-Welle-Lager. Damit wird das Arbeiten mit Unterstrukturen sehr anschaulich und verringert eventuelle Fehlermöglichkeiten.

Die Zusammenfassung der Teilstrukturen zur Gesamtstruktur (Hyperstruktur) erfolgt durch Einführen von Koppelungsfreiheitsgraden. Dadurch kann bestimmt werden, welcher Knoten der Unterstruktur A mit welchem Knoten der Unterstruktur B in welchen Freiheitsgraden gekoppelt werden soll. Zu den lokalen (l), unterdrückten (s) und vorgeschriebenen (p) Freiheitsgraden kommen noch die externen (e) Freiheitsgrade hinzu. Gleichung (3,18) erweitert sich damit um die externen Freiheitsgrade. So wie die einzelnen Elemente zur Teilstruktur zusammengefügt werden, so werden die Teilstrukturen zur Hyperstruktur (Hauptnetz) zusammengefaßt. Auf Hauptstrukturebene kann nun die Gleichgewichtsbeziehung wie Gl. (3,17) dargestellt werden:

$$\bar{\mathbf{F}} = \bar{\mathbf{K}} \cdot \bar{\mathbf{r}} \qquad (3,20)$$

Die Steifigkeitsmatrix $\bar{\mathbf{K}}$ auf Hauptstrukturebene kann ebenso wie die Matrix $\mathbf{K}$ auf Teilstrukturebene in lokale, vorgeschriebene und unterdrückte Freiheitsgrade aufgeteilt werden. Zusätzlich können im Hauptnetz Einzellasten angebracht werden. In Abschnitt 3.3 wird zur Vereinfachung der Vorgehensweise von dieser Möglichkeit Gebrauch gemacht. Im Gegensatz zu [14] ist aber hier die Unterstrukturtechnik nicht Voraussetzung für die Berechnung der Berühreffekte.

Die Auflösung des Gleichungssystems (3,20) erfolgt nun nach den lokalen Freiheitsgraden auf Hauptstrukturebene. Damit kann auf Teilstrukturebene die Berechnung der externen und dann der lokalen Freiheitsgrade erfolgen. Die berechneten Verschiebungen der Teilstruktur ermöglichen nun die Berechnung der interessierenden Größen wie z. B. Dehnungen, Spannungen, Reaktionskräfte auf Teilstruktur- und Elementebene.

3.2.4 Realisierung der Finiten Elemente Methode in Rechnerprogrammen; Programmsystem ASKA

Das Programmsystem ASKA ist in verschiedene Overlays aufgeteilt, die je nach Bedarf in den Kern des Rechners geladen werden. Der Rechenvorgang selbst wird in kleine Teilschritte zerlegt. Durch Aufrufen einzelner Prozessoren werden die Teilschritte entsprechend der Theorie abgearbeitet. Weitere Prozessoren ermöglichen die Kontrolle der einzelnen Berechnungen und der verwendeten Daten [29]. Von den Vorteilen dieser Vorgehensweise sei nur der genannt, daß auf einfache Weise neue Prozessoren hinzugefügt werden können. In dieser Arbeit wurden zusätzliche Prozessoren insbesondere zur Datenerstellung und Kontrolle, aber auch zu der Berechnung der Berühreffekte verwendet. Damit kann die Berechnung wesentlich wirtschaftlicher gestaltet werden. Ebenso bietet es sich an, die Ergebnisse durch Zusatzprogramme benutzerfreundlicher darzustellen. In diesem Zusammenhang ist das speziell für das Programm ASKA entwickelte interaktiv graphische System INGA zu erwähnen, das die FE-Berechnung sehr komfortabel und wirtschaftlich gestaltet.

3.3 Lösung von Berührproblemen

3.3.1 Problembeschreibung

Im Bereich des Maschinenbaus sind die Konstruktionen aus zahlreichen Einzelteilen aufgebaut. Durch Zusammensetzen dieser Einzelteile z. B. durch Schraub- oder Paßverbindungen entstehen Berührstellen. Das Steifigkeitsverhalten, d. h. das elastische Verhalten der Konstruktion infolge einer Belastung, wird durch die Anordnung und Ausführung dieser Berührstellen (Fügestellen) beeinflußt. Entsprechend der Funktion der Bauteile können in verschiedenen Freiheitsgraden verschiebliche Verbindungen auftreten. Bei Schraubverbindungen stehen die zu verbindenden Bauteile meist unter einer Vorspannung, die sich bei der Belastung mehr oder weniger abbaut, wodurch es zum Auseinanderklaffen der Bauteile kommen kann. Bei spielbehafteten Verbindungen, wie z. B. Welle-Lager wird bei steigender Belastung zunächst das Anfangsspiel ausgeglichen, dann erfolgt nach und nach ein weiteres Anlegen bzw. Abheben der Bauteile. Die mit der Belastung sich ändernden Randbedingungen zwischen den berührenden Bauteilen verursachen ein nichtlineares Bauteileverhalten.

Im Zusammenhang mit weggebundenen Pressen sind in Bild 1 einige typische Berührprobleme angegeben. Als wichtigste, bei den meisten Maschinen auftretende Berührprobleme, sollen hier besonders die Radiallager und die Führungen genannt werden.

3.3.2 Stand der Erkenntnisse

Die Grundlage zur Berechnung von Spannungen und Formänderungen von zwei sich berührenden Körpern bildet die Theorie von Hertz. Anlaß zu weiteren Untersuchungen in dieser Richtung war insbesondere das Werkstoffversagen an hochbeanspruchten Maschinenteilen wie Zahnräder, Kugellager und das System Rad-Schiene. FÖPPL [31] und KARAS [32] kommen zu dem Ergebnis, daß die Zerstörung des Bauteils von innen heraus, ausgehend von einer unter der Berührfläche liegenden größten Schubspannung beginnt. Ein Abblättern von Werkstoffteilchen (Grübchenbildung) ist die Folge. Für Zahnräder gibt NIEMANN [33] die Anzahl der Überrollungen bis zum Werkstoffversagen, d. h. bis zur Grübchenbildung, an. Die in [34] dargestellten spannungsoptischen Untersuchungen zeigen gute Übereinstimmung mit der Lösung nach Hertz.

Im Zusammenhang mit der Methode der Finiten Elemente gibt es ebenfalls zahlreiche Ansätze zur Lösung von Berührproblemen. Im einfachsten Falle können die berührenden Körper getrennt betrachtet und eine angenommene Belastungsverteilung vorgegeben werden [35]. Wechselwirkungen zwischen den einzelnen Bauteilen sind damit nicht darzustellen und die Güte der Ergebnisse ist schlecht abschätzbar. Eine weitere aber sehr aufwendige Methode ist dadurch gegeben, daß nacheinander FE-Rechnungen durchgeführt werden, wobei stets neue, manuell ermittelte Koppelungsrandbedingungen eingeführt werden [14]. Es entsteht dadurch ein stückweises lineares Strukturverhalten. Für die Methoden nach [36, 37, 38, 39] gilt das gleiche Strukturverhalten. In [39] wird das Beispiel einer Welle mit aufgeschrumpfter Hülse vorgestellt. Die Berechnung hierzu erfolgte mit Hilfe eines firmenintern entwickelten Zusatzprogrammes zum FE-Programmsystem ASKA. Die Berechnung geht hier wie auch bei [40] über die unbekannten Reaktionskräfte der Berührzone. In [40] besteht zusätzlich die Möglichkeit zur Einbeziehung von Micro-slip Effekten. Die Berechnungen werden mit speziellen, hierfür entwickelten Rechnerprogrammen durchgeführt, die häufig problemspezifisch aufgebaut und für andere Anwender nicht geeignet oder nicht zugänglich sind.

3.3.3 Lösungsansatz

Die Lösung der Berührprobleme soll mit Hilfe der Methode der Finiten Elemente erfolgen. Die zu berechnenden Bauteile sollen bereits diskretisiert sein. Zur Verdeutlichung der Problematik sei auf das Bild 2 hingewiesen. Hier sind die beiden aus den realen Bauteilen abgeleiteten Strukturen mit A und B bezeichnet. Beide Strukturen sind durch die Randbedingungen R_{Ai} und R_{Bi} und durch ihre Belastungen F_{Ai} und F_{Bi} sowie durch ihre Form und Lage im globalen Koordinationssystem (x, y, z) gegeben. Starrkörperverschiebungen seien nicht möglich. Der zu analysierende, maximal mögliche Berührbereich ist als "definierter Berührbereich" eingezeichnet. Man versteht darunter den Bereich des Bauteils (bzw. der Struktur), in dem sich mögliche Berühreffekte abspielen. Dieser Bereich, der von der zu berechnenden Struktur abhängt, ist im allgemeinen leicht anzugeben. Dadurch wird das zu betrachtende Problem für die Berechnung zunächst entscheidend reduziert. Die Untersuchung erfolgt dann im lokalen Koordinatensystem (x', y', z'), wobei eine Komponente senkrecht zur Berühr- bzw. Druckfläche steht.

Es ist nun leicht einzusehen, daß sich bei Veränderung der Belastung (F_A, F_B $\hat{=}$ einer beliebigen von außen aufgebrachten Belastung) die Berühr- bzw. Druckfläche zwischen den beiden Strukturen verändert. Für jede äußere Belastung gibt es, bei sonst gleichen Randbedingungen, eine bestimmte Berührfläche. Während bei den realen Bauteilen A und B die Berührfläche, abhängig von der Last, stetig zu- oder abnimmt, kann bei den idealisierten Strukturen nur eine sprunghafte Zu- oder Abnahme der Berührfläche ermittelt werden. Eine Berührung der Strukturen erfolgt immer dann, wenn ein auf der Oberfläche lokalisierter Elementknoten die Oberfläche der angrenzenden Struktur berührt. Die Verschiebungen im möglichen Berührbereich werden also von den entsprechenden Knotenpunktsverschiebungen abgeleitet. Während für bestimmte Belastungen bei den realen Bauteilen eine bestimmte Berührfläche typisch ist, so soll für die idealisierten Strukturen ein bestimmter "Berührzustand" typisch sein. Der "Berührzustand" ist u. a. dadurch gekennzeichnet, daß sich bei Veränderung der Belastung innerhalb bestimmter Grenzen keine neuen Berührpunkte bilden bzw. vorhandene Berührpunkte ablösen. Je feiner die gewählte Idealisierung im Berührbereich ist, desto genauer kann vom "Berührzustand" auf die tatsächliche Berührfläche geschlossen werden.

Zur mathematischen Formulierung sei zunächst auf das Prinzip der virtuellen Arbeit hingewiesen, mit dessen Hilfe die Formulierung der Steifigkeitsmatrix dargestellt wird (Abschnitt 3.2). Die Gleichgewichtsbeziehung (3,17) soll nun um die Kräfte in der Berührzone (F_R) erweitert werden. Für einen bestimmten Berührzustand ergibt sich dann bei vorgegebener Belastung F:

$$\mathbf{K} \cdot \mathbf{r} = \mathbf{F} + \mathbf{F}_R \qquad (3,21)$$

Die Festlegung des Berührzustandes, für den die Gl. (3,21) zu lösen ist, geschieht dadurch, daß die Geschichte der Berührung bzw. Ablösung der im Berührbereich befindlichen Strukturen verfolgt wird. Ausgangspunkt der Betrachtung ist deshalb ein Berührzustand bei der Belastung F = 0. Zur Vereinfachung sollen die Strukturen im Berührbereich stets gegenüberliegende Knotenpunkte aufweisen. Die Forderung stellt zwar eine Einschränkung hinsichtlich der Elementeinteilung dar, ist aber insofern sinnvoll, daß beide Strukturen im Berührbereich im gleichen Feinheitsgrad eingeteilt sind. In [37] wird von dieser Einschränkung kein Gebrauch gemacht. In der Berührzone können hier die Knotenpunkte der beiden Strukturen versetzt sein. Die Aufteilung der übertragenen Knotenkräfte erfolgt dann durch Gewichtung entsprechend den Abständen.

Als Bedingung soll nun vorgeschrieben werden, daß sich die gegenüberliegenden Oberflächen nicht durchdringen dürfen. In Bild 3 sind die Verhältnisse für einen Knotenpunkt P_i dargestellt. Die Bedingung für die Berührung gegenüberliegender Knotenpunkte ergibt sich anhand der Verschiebungen zu:

$$r_{Ai} - r_{Bi} = S_{ii} \qquad (3,22)$$

Dabei sind r_{Ai} und r_{Bi} die Verschiebungen der gegenüberliegenden Knotenpunkte der Strukturen A und B senkrecht zur Oberfläche und S_i ist das an der jeweiligen Stelle zu überwindende Spiel.

Die Bedingung für das Ablösen zweier Punkte wird aus den Kräften in der Berührzone abgeleitet. Anschaulich ausgedrückt können in der Berührzone nur Druckkräfte übertragen werden. Ein Vorzeichenwechsel würde das Auftreten von Zugkräften anzeigen. Das Absinken der Druckkräfte auf den Betrag $|F_R| = 0$ zeigt also das Ablösen zweier Knotenpunkte an.

Falls die Unterstrukturtechnik in dem zur Verfügung stehenden FE-Programmsystem vorhanden ist, kann diese dazu benützt werden, das zu lösende Problem zunächst auf den Berührbereich zu reduzieren. Dies ist aber nicht wie in [14] Voraussetzung zur Anwendung der hier beschriebenen Methode. In Abschnitt 3.2.3 wurde zur Einführung der Unterstrukturtechnik die Aufteilung der Freiheitsgrade der Teilstrukturen durch die externen Freiheitsgrade erweitert. Dadurch soll hier, neben dem Zusammenfügen der Teilstrukturen, die Möglichkeit geschaffen werden, aus den insgesamt vorhandenen Freiheitsgraden die interessierenden herauszulösen. Auf Hauptnetzebene ergibt sich eine Beziehung, die der von Gl. (3,21) entspricht. Durch die Auflösung dieses Gleichungssystems nach den unbekannten Strukturverschiebungen ergibt sich rein formal eine Inversion der Steifigkeitsmatrix. Da die Steifigkeitsmatrix dadurch ihre Bandstruktur verlieren würde, wird zur rechnerinternen Verarbeitung die Matrizenzerlegung [4] angewendet. Rein formal ergeben sich diese Elemente der inversen Steifigkeitsmatrix als Lösung von Einheitslastfällen. Durch Zusammenfassen der Elemente ergibt sich eine Flexibilitätsmatrix ($\mathbf{A}$), die im folgenden für die mathematische Formulierung, wie auch im Rechnerprogramm benutzt wird. Ebenso wie die Steifigkeitsmatrix weist auch die Flexibilitätsmatrix eine Symmetrie auf.

Die Auflösung des Gleichungssystems (3,21) kann mit Hilfe der Flexibilitätsmatrix ($\mathbf{A}$) und der Verschiebungen ($\mathbf{r}_o$), die sich aus einer mit dem Lastfaktor q multiplizierten Anfangsbelastung der Strukturen ergeben, folgendermaßen dargestellt werden:

$$\mathbf{r} = \mathbf{A} \cdot \mathbf{F}_R + q \cdot \mathbf{r}_o \tag{3,23}$$

Falls eine Vorspannung in der Fuge mitberücksichtigt werden soll, so kann die rechte Seite der Gl. (3,23) durch Hinzufügen der entsprechenden Verschiebungen erweitert werden [39]. Der Vektor der Knotenpunktsverschiebungen $\mathbf{r}$ beinhaltet nun die Verschiebungen der Struktur A und anschließend in der Reihenfolge gegenüberliegender Knotenpunkte die Verschiebungen von der Struktur B. Diese Einteilung kann auch auf die Verschiebungen $\mathbf{r}_o$ und die Kräfte im Berührbereich übertragen werden. Daraus ergibt sich:

$$\left\{\begin{array}{c} r_A \\ \hline r_B \end{array}\right\} = q \cdot \left\{\begin{array}{c} r_{oA} \\ \hline r_{oB} \end{array}\right\} + \left[\begin{array}{c|c} A_{AA} & A_{AB} \\ \hline A_{BA} & A_{BB} \end{array}\right] \cdot \left\{\begin{array}{c} F_{RA} \\ \hline F_{RB} \end{array}\right\} \tag{3,24}$$

Die Anordnung der Elemente der Flexibilitätsmatrix sowie die Verarbeitung erfolgt programmintern unabhängig von der tatsächlichen Knotenpunktsnumerierung. Daraus ergibt sich auch die Aufteilung der Flexibilitätsmatrix $\mathbf{A}$ in A_{ij}. A_{AA} bzw. A_{BB} gibt dabei jeweils die Verschiebungen der Struktur A bzw. B infolge von Einheitslasten auf die Struktur A bzw. B wieder. Die Untermatrizen A_{AB} bzw. A_{BA} geben dabei die Verschiebungen der Strukturen A bzw. B wieder, wobei die Einheitslasten gerade an der Struktur B bzw. A angreifen. Aus der bereits angedeuteten Symmetrie der Flexibilitätsmatrix (A) ergibt sich dieselbe Symmetrieeigenschaft für die Matrizen A_{AA} und A_{BB}. Für die Matrizen A_{BA} und A_{AB} folgt daraus: $A_{AB} = A_{BA}^T$.

In der Berührzone erfolgt die Übertragung der Druckbelastung mit Hilfe der Knotenkräfte F_{RA} und F_{RB}. Für die Kraft F_{RB}, die als Reaktionskraft der Kraft F_{RA} aufgefaßt werden kann, gilt:

$$F_{RA} = - F_{RB} \qquad (3,25)$$

Das für einen bestimmten Berührzustand zu lösende Gleichungssystem (3,24) läßt sich unter Berücksichtigung der Gleichungen (3,22) und (3,25) auf die folgende Form bringen:

$$\mathbf{s}_i = q \cdot (\mathbf{r}_{oA} - \mathbf{r}_{oB}) + (A_{AA} - A_{AB} + A_{BA} - A_{BB}) \cdot F_{RA} \qquad (3,26)$$

Mit Hilfe des Gaußschen Lösungsalgorithmus kann die Gl. (3,26) nach den unbekannten Reaktionskräften aufgelöst werden. Das Gleichungssystem reduziert sich damit auf die Knotenpunktsfreiheitsgrade, an denen Reaktionskräfte zu erwarten sind. Während die Auflösung von Gl. (3,26) im Anfangsberührzustand für zwei beliebige q-Werte erfolgt, werden in der weiteren Rechnung die errechneten Lastfaktoren (q) verwendet.

Durch lineare Interpolation kann nun innerhalb eines Berührzustandes der Lastfaktor q errechnet werden, bei dem sich der Berührzustand ändert. Die Errechnung der Lastfaktoren q erfolgt jeweils für alle Knotenpunkte n im maximal möglichen Berührbereich. Für Knotenpunktpaare, die sich nicht berühren, ist bei der Erhöhung der Belastung der Bauteile eine Berührung möglich. Die für diese Knotenpunktpaare errechneten Lastfaktoren sollen mit q_b bezeichnet werden. Für Knotenpunktpaare, die sich bereits berühren und die sich möglicherweise ablösen, ist der Lastfaktor q_a. Falls q_a, q_b den Lastfaktorzuwachs darstellt und mit q_1 und q_2 die absoluten Lastfaktoren bezeichnet werden, ergibt sich für l Berührpunkte mit den Knotenpunktskräften $F_R(q)$:

$$q_a^i = \frac{F_R^i(q_1)}{F_R^i(q_2) - F_R^i(q_1)} (q_2 - q_1), \qquad i = 1 \ldots l \qquad (3,27)$$

und für alle Knotenpunkte m, die sich nicht berühren:

$$q_b^i = \frac{s_i^i - r^i(q_1)}{r^i(q_2) - r^i(q_1)} (q_2 - q_1), \qquad i = 1 \ldots m \qquad (3,28)$$

Die Größen $r(q_1)$ bzw. $r(q_2)$ sind im Falle, daß beide Körper elastisch sind, Differenzverschiebungen gegenüberliegender Knotenpunkte. Ist ein Körper als starr und der andere als elastisch anzusehen, so sind $r(q_1)$ und $r(q_2)$ unmittelbar die absoluten Verschiebungen bei den Lastfaktoren q_1 und q_2. Der kleinste positive Lastfaktorzuwachs zeigt nun an, um wieviel die Belastung des Bauteils gesteigert werden muß, bis eine Änderung des Berührzustandes eintritt. Falls Min (q_a^i) < Min (q_b^i) ist, wird ein vorhandener Berührpunkt abgelöst. Im Falle Min (q_b^i) < Min (q_a^i) bildet sich ein neuer Berührpunkt. Der absolute Lastfaktor für den nächsten Schritt ergibt sich dann zu:

$$q_1 \Rightarrow q_1 + \text{Min}\ (q_a^i,\ q_b^i) \qquad (3,29)$$

Die Berechnung kann so lange fortgesetzt werden, d. h. die Belastung kann so lange gesteigert werden, bis die gewünschte Belastung erreicht ist oder sich der Berührzustand nicht mehr ändert.

Für jede Laststufe, für die sich der Berührzustand ändert, sind nun der Lastfaktor und die Reaktionskräfte bekannt. Durch lineare Interpolation können die Reaktionskräfte, Verschiebungen usw. für einen bestimmten Lastfaktor innerhalb eines Berührzustandes ermittelt werden. Bei Problemen, bei denen der eine berührende Körper als starr, der andere als elastisch angenommen wird, können die Verschiebungen an den Grenzen der Berührzustände direkt linear interpoliert werden. Sind beide Körper elastisch, so sind zunächst nur die Differenzverschiebungen gegenüberliegender Knotenpunkte vorhanden. Die Berechnung der absoluten Verschiebungen erfolgt dann mit Hilfe der Beziehung Gl. (3,24), wobei die linear interpolierten Reaktionskräfte der Berührzone bereits bekannt sind.

Wird für die Analyse der Berührproblematik ideales Gleiten zwischen den Körpern angenommen, so werden bei der Berechnung der Berühreffekte nur die auf den berührenden Oberflächen senkrechten Komponenten benötigt. Damit verringert sich der Berechnungsaufwand entscheidend.

3.3.4 Lösung mit Hilfe eines Rechnerprogramms

Zur Berechnung der Berühreffekte wurde ein Rechnerprogramm als Zusatzprogramm zu bestehenden FE-Programmsystemen erstellt. Die Berechnung von Bauteilen unter Berücksichtigung der Berühreffekte kann in drei Stufen erfolgen. Mit einem FE-Vorprogramm werden zunächst die erforderlichen Daten aufbereitet. Daran schließt sich die Berührungsrechnung an. In der dritten Stufe erfolgt die Berechnung der gesamten Baugruppe mit Hilfe des FE-Nachprogramms. Der vereinfachte Datenflußplan in Bild 4 zeigt die beschriebene Vorgehensweise.

3.3.4.1 Aufbereiten der Daten mit dem Vorprogramm

Das Vorprogramm besteht aus einem FE-Programm zur Berechnung der gegebenen Struktur. Voraussetzung für die Berücksichtigung der Berühreffekte sind gegenüberliegende Knotenpunkte der berührenden Strukturen im maximal möglichen Berührbereich. Je nach Problemlage wird im Berührbereich ein lokales Koordinatensystem eingeführt, wobei eine Komponente senkrecht zur Oberfläche ist. Falls das globale Koordinatensystem nicht ohnehin eine Komponente senkrecht zur Berührfläche aufweist, sind die entsprechenden Transformationen durchzuführen.

Aus dem Vorprogramm wird nun die Flexibilitätsmatrix ($\boldsymbol{A}$) und der Verschiebungsvektor ($\boldsymbol{r}_o$) zur Lösung der Gleichung (3,24) benötigt. Die Flexibilitätsmatrix ergibt sich als Lösung der Gleichung (3,17), wobei als Lastfälle Einheitslasten im Berührbereich vorzusehen sind. Aus derselben Gleichung ergibt sich der Verschiebungsvektor infolge einer beliebigen, äußeren Belastung. An dieser Stelle ist zu empfehlen, gleich die Daten für sämtliche zu berücksichtigenden Lastfälle bereitzustellen.

Durch Anwendung der Unterstrukturtechnik lassen sich die Daten im Vorprogramm besonders effektiv aufbereiten. Nach der Berechnung der Verschiebungen auf Hauptstrukturebene kann die Berechnung abgebrochen werden, d. h. es sind nicht die gesamten Berechnungen für alle Unterstrukturen durchzuführen.

3.3.4.2 Bauteileverhalten in der Berührzone

Zur Behandlung des Berührproblems müssen die Daten aus dem Vorprogramm übernommen werden. Da es sich nur um die Daten der Berührzone handelt, müssen diese aus den anfallenden Daten aussortiert und in die richtige Reihenfolge gebracht werden. Durch geeignete Steuerparameter wird somit die richtige Dateneingabe sichergestellt. Weitere Parameter werden benötigt, um die Besonderheiten der Idealisierung (z. B. Knotenpunktsnumerierung) zu berücksichtigen, die Rechnung einzuleiten und zu überwachen. Das Ergebnis der Berechnungen im Berührbereich besteht zunächst in dem von der Belastung abhängigen Berührzustand. Für jede Belastung kann also angegeben werden, welche Knotenpunkte sich gerade berühren und welche nicht. An den realen Bauteilen kann diese Aussage auf die Berührfläche umgerechnet werden.

Für die Ermittlung des gesamten Bauteileverhaltens mit dem Nachprogramm können nun für beliebige äußere Belastungen die Reaktionskräfte an den jeweiligen Berührpunkten berechnet werden. Zusätzlich werden alle Verschiebungen im definierten maximalen Berührbereich berechnet und ausgegeben (Bild 5).

3.3.4.3 Ermittlung des gesamten Bauteileverhaltens mit dem Nachprogramm

Mit Hilfe eines FEM-Programms, das ähnlich wie das Vorprogramm aufgebaut ist, kann nun das gesamte Bauteileverhalten ermittelt werden. Die Abänderung des Vorprogramms erfolgt in der Berechnung und Ausgabe der gewünschten Größen wie z. B. Spannungen und Reaktionskräfte sowie durch Eingabe der Ergebnisse aus der Berührungsrechnung. Die Berechnung liefert nun für eine bestimmte vorgegebene Belastung unter Berücksichtigung der Kräfte in der Berührzone das gesamte Bauteileverhalten. Die Verschiebungen, die sich in dem betrachteten, maximal möglichen Berührbereich ergeben, müssen mit den Ergebnissen der Berührungsrechnung übereinstimmen.

3.3.5 Berücksichtigung der Reibung

Die Verhältnisse in der Berührzone sind abhängig von der Reibung. Zur axakten Berücksichtigung der Reibung wären die tangential zur Berührfläche wirkenden Freiheitsgrade zu berücksichtigen. Die tangential wirkenden Reibungskräfte wirken sich dabei auf die Verschiebungen normal zur Oberfläche und damit auf die Berührverhältnisse aus. Ähnlich den Untersuchungen von [40] könnten die Reibungseinflüsse auf iterativem Wege berücksichtigt werden. Da jedoch bei den hier betrachteten Bauteilen und Bauteilekombinationen geringe Reibung wie z. B. bei Gleitlagern vorausgesetzt wird, soll hier auf eine detaillierte Betrachtung der Reibungsverhältnisse verzichtet werden. Dennoch kann in einzelnen Fällen der Reibungseinfluß näherungsweise berücksichtigt werden. Nimmt man vereinfachend an, daß sich der Berührzustand unabhängig von der Reibung einstellt, dann kann für jede Belastung die Reibungskraft nach dem Coulombschen Gesetz, mit Hilfe der Reaktionskräfte der Berührzone, errechnet werden. Insbesondere bei einfacheren Berührproblemen wie z. B. mit ständig zu- oder abnehmender Berührfläche kann auf diese Weise der Reibungseinfluß auf das Verschiebungsverhalten der Struktur untersucht werden. Testrechnungen an verschiedenen Baugruppen zeigten, daß sich bei Vorgabe von Reibungskräften tangential zur Oberfläche nur sehr geringe Veränderungen im Strukturverhalten senkrecht zur Berührfläche und damit auf den Berührzustand ergaben.

3.4 Durchführung der Berührungsrechnung an Beispielen

Bei der Durchführung der Berechnungen soll hier insbesondere auf spielbehaftete Bauteile eingegangen werden. An verschiedenen Bauteilen sollen die Anwendung der Berührungsrechnung sowie einige Ergebnisse dargestellt werden. In bestimmten einfachen Fällen sind die Ergebnisse mit Hilfe der Balkentheorie wie z. B. in Abschnitt 3.4.1 oder mit Hilfe der Hertzschen Pressung (Abschnitt 3.4.3) überprüfbar. Für kompliziertere Bauteile ergibt sich die Möglichkeit, die errechneten Ergebnisse mit Hilfe der Spannungsoptik bzw. mit Meßergebnissen zu vergleichen.

3.4.1 Elastischer Balken mit starren Auflagern

Zum Austesten der Programme wurde ein einfaches Beispiel gewählt. Ein symmetrisch gelagerter, linear-elastischer Balken wird durch eine ebenfalls symmetrisch wirkende Flächenlast belastet. Die Auflagerung der realen Bauteile (Bild 6a), die hier starr sein soll, wird auf der Ebene der idealisierten Struktur durch starre Stützen repräsentiert. Bild 6 b zeigt die idealisierte Struktur (3 D) im Anfangsberührzustand, wie sie sich für die FEM-Rechnung darstellt. Durch Ausnutzung der Symmetrieeigenschaften vereinfacht sich der Rechenaufwand. Hinsichtlich der Berührungsrechnung reduziert sich das Problem von vier auf zwei getrennte Berührbereiche. Nachdem die Strukturdaten mit Hilfe der FEM berechnet und abgespeichert sind, kann die Berechnung des Berührproblems erfolgen. Durch die Belastung biegt sich der Balken in der Mitte durch und hebt von den oberen starren Auflagern ab. Durch Erhöhung der Belastung kommt das Balkenende nach Überwindung des Spiels S_i auf der Gegenseite zur Anlage. Aus Bild 7 kann die Abhängigkeit des Berührzustandes von der steigenden Belastung entnommen werden. An diesem Beispiel kann besonders die Bildung neuer Berührpunkte und das Ablösen vorhandener Berührpunkte demonstriert werden. Im Gegensatz zu den weiter unten berechneten Bauteilen trifft hierbei in der Berührzone ein elastisches auf ein starres Bauteil.

Die Überprüfung der Ergebnisse erfolgte zunächst in Anlehnung an die in [14] beschriebene Methode. Zur Vereinfachung wurden die räumlich hintereinander liegenden Knotenpunkte (in x-Richtung, Bild 6 b) gemeinsam behandelt. Dabei bewirkt ein Berühren / Abheben von Knotenpunkten stets das Berühren /Abheben der ganzen Knotenpunktsreihe in x-Richtung. Aus diesem Grunde konnte keine exakte Übereinstimmung erwartet werden. Dennoch ergaben sich hinsichtlich des lastabhängigen Berührzustandes lediglich Abweichungen unter 11 % bis zum 14-ten Lastschritt. Die Berechnung mit Hilfe der Balkentheorie ergab für Belastungen im Anfangsberührzustand Abweichungen der Verschiebungen von < 2 %. Der Lastfaktor q der FEM-Rechnung ist für diesen Fall bestätigt.

3.4.2 Elastisches Pleuel mit elastischer Welle

Bei diesem Berührproblem werden die Berühreffekte entlang eines gekrümmten Berührbereiches untersucht. Pleuel und Welle werden dabei beide als linear-elastische Körper aufgefaßt. In Bild 8 a sind die realen Verhältnisse dargestellt. Zur Ermittlung der Druckverteilung beim Pleuelrückzug wurde nur ein Abschnitt des Pleuelauges unter zusätzlicher Ausnützung der Symmetrie näherungsweise berücksichtigt. Der Anfangsberührzustand ergibt sich auch hier sehr anschaulich durch Verschieben der Welle in Belastungsrichtung bis zur Anlage. Es ergibt sich zunächst eine Linienberührung. Durch Vergrößerung der Belastung F ist aus der Linienberührung eine sich ständig ausweitende Flächenberührung zu erwarten. Durch Einführung des maximalen Berührbereichs liegen die im Zusammenhang mit den Berühreffekten ausgewählten Knotenpunkte fest (Bild 8 b). Für diese Knotenpunkte werden lokale Koordinatensysteme (x', y', z') benötigt. Die Idealisierung erfolgte auch hier im 3-dimensionalen Raum.

In [35] wurd ebenfalls ein Pleuel nach der Methode der FEM berechnet. Da die Berühreffekte hier nicht näher untersucht wurden, war eine Annahme über die Krafteinleitung vom Bolzen in das Pleuelauge erforderlich. Durch eine "cosinusförmige" Belastungsverteilung im Pleuelauge ergab sich bei Zugbeanspruchung im Pleuelschaft gute Übereinstimmung mit den Meßwerten. Bei Druckbelastung ergaben sich größere Abweichungen zu den Meßwerten, die hier allerdings auf eine linienförmige Belastung des Pleuelauges bei der statischen Messung zurückgeführt wurden. Wie sich im folgenden zeigen wird, hängen die Ergebnisse in starkem Maße von dem vorgegebenen Spiel zwischen den Bauteilen ab. Aus Bild 9 a kann der Berührzustand abhängig von der entsprechenden Laststufe entnommen werden. In Annäherung ergibt sich aus dem Berührzustand die in Bild 9 b in der Ebene dargestellte Berührflächenausbreitung. Bei größerem Spiel S_i ergibt sich dieselbe Berührfläche erst bei entsprechend größeren Belastungen als bei kleinerem Spiel. Wird z. B. das Spiel um das 10-fache verkleinert, so beträgt die Kraft auch nur 1/10, um denselben Berührzustand wie beim Ausgangsspiel zu erreichen. Für die Praxis interessant ist freilich das Bauteileverhalten bei gleichen Belastungen. Da sich bei variiertem Spiel S_i und denselben Belastungen verschiedene Berührflächen einstellen, ist auch das Bauteileverhalten unterschiedlich. Die Druckspannungsverteilung σ_r ist bei verschiedenen Spielen und denselben Laststufen in Bild 10 dargestellt. Die Druckvereteilung in der Fuge zwischen Pleuelauge und Welle läßt sich sowohl aus den Spannungen σ_r der Welle als auch aus den in den Knotenpunkten übertragenen Kräften ableiten. Während sich für höhere Belastungen wie z. B. Lastfall 4, 5 und 6 bei dem Spiel S_i = 0,2 mm die maximale Druckspannung σ_r unter 35° einstellt, beträgt der Wert für S_i = 0,02 mm etwa 54°. Zugleich sind im Falle des kleineren Spiels die Spannungen σ_r, infolge der größeren Berührfläche, kleiner. In Lastfall 4 (Bild 10 b) ergibt sich somit eine Verminderung der Druckspannung um $\approx$ 24 %. Bei Erhöhung der Belastung ergeben sich bei den Lastfällen 5 und 6 geringer werdende Unterschiede hinsichtlich der Berührfläche, die auch geringere Unterschiede in der Spannung σ_r bewirken.

Als weiteres Beispiel für die unterschiedliche Spannungsverteilung bei variiertem Spiel sei in Bild 11 die Verteilung der Spannungen σ_x an der Symmetrielinie dargestellt. Für die bereits erwähnten Lastfälle 4 bis 6 ergeben sich Vergleichswerte. Da sich bei kleinerem Spiel eine größere Berührfläche einstellt, durch die die Kraftübertragung erfolgt, ergibt sich bei derselben Belastung ein Abbau der am Außenrand des Ringes sich einstellenden maximalen Zugspannungen σ_x. Falls die Spannungen σ_x der Lastfälle 4, 5 und 6 für S_i = 0,2 mm jeweils 100 % darstellen, so ergeben sich für den Fall mit S_i = 0,02 mm und dieselben Lastfälle um 54,5 %, 42,7 % und 29,2 % geringere maximale Zugspannungen.

Die hier dargestellte Untersuchung des Pleuelauges mit Welle zeigt deutlich die Abhängigkeit der Ergebnisse von den Berühreffekten, die auch die Abweichungen der Rechenergebnisse von den Meßergebnissen in [35] erklären.

3.4.3 Zwei elastische Zylinder unter Linienberührung; Vergleich mit der Hertzschen Pressung

Ausgehend von zwei linear-elastischen Zylindern, die sich längs der Mantellinie berühren, soll bei vorgegebener Belastung die Druckverteilung in der Berührzone ermittelt werden. Die Ergebnisse der hier durchgeführten Berechnungen nach der FEM können zum Teil mit den geschlossenen Lösungen nach Hertz [31, 41] verglichen werden. Die Theorie nach Hertz setzt homogene, isotrope und linear-elastische Körper voraus. In der Druckfläche sollen nur normalgerichtete Kräfte auftreten und die Abplattung soll klein gegenüber den Körperabmessungen sein. In Ebenen senkrecht zur Zylinderachse bildet sich ein ebener Formänderungszustand aus, falls diese Ebenen nicht zu nahe an den Enden des Zylinders liegen.

Die Berechnung des dargestellten Problems mit Hilfe der FEM ermöglicht durch Ausnutzung von Symmetrieebenen eine weitere Vereinfachung des Problems. Die Idealisierung einer Zylinderhälfte ist in Bild 12 dargestellt. Um insbesondere die oben genannte Voraussetzung, daß die Abplattung klein gegenüber den Körperabmessungen sein soll, zu erfüllen, ist im möglichen Berührbereich eine sehr feine Elementeinteilung notwendig.

Nach der Berechnung der Struktureigenschaften mit Hilfe der FEM kann die Berechnung der Berühreffekte erfolgen. Hier ergeben sich zunächst die Berührzustände in Abhängigkeit von der Belastung. Die aus den Berührzuständen sich ergebende Berührfläche ist abhängig von der Belastung in Bild 13 dargestellt. Ausgehend von einer Linienberührung, d. h. Berührfläche $A = 0$, ergibt sich bei steigender Belastung eine stets zunehmende Berührfläche. Der Vergleich mit der Hertzschen Lösung ergibt nur geringe Abweichungen. Bei gleicher Linienlast ergibt sich nach Hertz eine geringfügig kleinere bezogene Berührfläche. Eine gröbere Idealisierung, mit ≈ 4 mal weniger Knotenpunkte im Berührbereich brachte nur eine unwesentliche Veränderung der Ergebnisse.

Nach der Hertzschen Theorie verteilt sich die Druckspannung über der Breite der Berührfläche halbkreisförmig, wenn die größte

Druckspannung σ_y gleich der Breite a gezeichnet wird [41]. Bild 14 zeigt die bezogene Druckspannung σ_y/σ_{ymax} über der bezogenen Berührflächenbreite. Auf diese Weise können die Ergebnisse für verschiedene Laststufen dargestellt werden. Für alle drei Laststufen ergibt sich bis zur bezogenen Berührflächenbreite von $\approx 0{,}85$ etwa gleich gute Übereinstimmung mit der Hertzschen Lösung. Der Spannungsabfall am Berührflächenrand ergibt jedoch nach der FEM nicht den Wert $\sigma_y/\sigma_{ymax} = 0$. Abhängig von der verwendeten Idealisierung des Rechenmodells läßt sich dies dadurch erklären, daß die im Bereich $\frac{x}{a} < 1$ vorhandenen Spannungen an die angrenzenden Elemente übertragen werden. Insbesondere für größere Belastungen, wie im Falle der hier dargestellten größten Berührfläche zeigt sich, daß der errechnete Druck am Berührflächenrand klein gegenüber dem Maximalwert σ_y ist. In [40] wird ein ähnliches Problem, mit entsprechend guter Übereinstimmung betrachtet.

Der Spannungsverlauf entlang der Symmetrielinie (y-Achse) eines Zylinders ist in Bild 15 dargestellt. Die Aufteilung der y-Achse in bezug auf die halbe Berührflächenbreite hat sich als sinnvoll erwiesen. Für y = 0 ergibt sich für die bezogenen Spannungen σ_y und σ_x der Wert 1,0 d. h. $\sigma_x = \sigma_y$ [31]. Mit Hilfe der FEM ergeben die gemittelten Knotenpunktsspannungen für y = 0 allerdings nur den Wert $\sigma_x/\sigma_{yo} = 0{,}85$. Durch die Ermittlung der Elementspannungen erscheint aber der hier eingezeichnete Verlauf durchaus als berechtigt. Obwohl sich die gewählte Elementeinteilung in Richtung der y-Achse rasch vergröbert, so ergibt sich hinsichtlich des gesamten Kurvenverlaufes eine gute Übereinstimmung. Nach Tresca läßt sich die Schubspannung τ_{xy} aus $(\sigma_y - \sigma_x)/2$ bestimmen. Die Schubspannung τ_{xy}, die sich für die Beurteilung der Werkstoffanstrengung gut eignet, erreicht nach [31] an der Stelle $y = 0{,}78 \cdot a$ ein Maximum von $\tau_{max} = 0{,}3 \cdot \sigma_{ymax}$. Demgegenüber erhält man für den hier dargestellten Lastfall mit der FEM-Methode an der Stelle $y = 0{,}82 \cdot a$ dieselbe Schubspannung. Es ist dabei zu beachten, daß die Stelle der maximalen Schubspannung τ_{xy} wie auch der Betrag derselben von der Elementeinteilung abhängig ist. Die feine Elementeinteilung von Netz 2 (Bild 12) ermöglichte hier detaillierte Aussagen besonders im Berührbereich.

3.4.4 Erfahrungen bei der Durchführung der Berührungsrechnung

Die Datenaufbereitung erfolgt durch ein FEM-Vorprogramm. Hierbei werden die Struktureigenschaften der Berührzone in geeigneter Form abgespeichert. Als Speichermedium wurde hier das Magnetband oder Plattenfiles verwendet. Die sich berührenden Bauteile können mit gleichem sowie verschiedenem E-Modul berücksichtigt werden. Darin ist auch der Sonderfall eines linear-elastischen und eines starren Bauteils enthalten. Treten an einem Bauteil verschiedene, getrennte Berührflächen auf, so können diese ohne weiteres berücksichtigt werden. Durch geeignete Parameter werden die Daten aus dem Vorprogramm im Programm für die Berührungsrechnung, entsprechend der Problemart, interpretiert. Während Änderungen an der Struktur bzw. andere Belastungsarten relativ aufwendige neue FE-Berechnungen erfordern, ist die Variation des Spieles in der Berührzone einfach durch eine neue Berührungsrechnung durchzuführen. Dabei beträgt die Rechenzeit für die Berührungsrechnung in der Regel nur einen geringen Prozentsatz der Rechenzeit der FE-Berechnung. Sind Berechnungen mit verschiedenen Belastungsarten gefordert, so sollten diese Berechnungen am Anfang bei der Erstellung des Vorprogramms durchgeführt werden. Ein zusätzlich gerechneter Lastfall bedeutet in dieser Phase nur einen geringen Mehraufwand an Rechenzeit.

Bei allen gerechneten Beispielen waren die Gleichgewichtsbedingungen unter Berücksichtigung der errechneten Kräfte in der Berührzone erfüllt. Während sich hinsichtlich der Verschiebungen relativ genaue Ergebnisse auch bei groben Elementaufteilungen ergaben, ist zur Ermittlung der Druckspannung in der Berührzone eine feine Idealisierung notwendig.

4 Untersuchung der Baugruppe Pleuel-Exzenterrad unter Arbeitsbelastung

Die Baugruppe Pleuel-Exzenterrad ist maßgebend an dem Steifigkeitsverhalten der Presse beteiligt. Das Auffederungsverhalten dieser Baugruppe läßt sich als Teil der Getriebefederung verstehen, die nach [7] für Zweiständerpressen mit Einpunktantrieb mit 66 % und für Zweipunktantrieb mit 54 % in die gesamte Auffederung in Richtung der Arbeitsbelastung eingehen. Die folgende Untersuchung bezieht sich auf die Antriebsgarnitur einer Zweiständer-Kurbelpresse mit Einpunktantrieb (Typ F 315/0,4) der Firma Schuler. Da hier bereits Meß- und Rechenergebnisse vorlagen [14], bot sich die Möglichkeit eines Vergleiches mit der Berechnung nach der oben beschriebenen Methode.

4.1 Aufbereiten der Daten

Vor der eigentlichen Datenaufbereitung ist zunächst das gestellte Problem zu analysieren. Die Baugruppe Pleuel-Exzenterrad darf nicht isoliert betrachtet, sondern muß vielmehr in den Kraftfluß der gesamten Maschine eingeordnet werden. Als Randbedingungen sind deshalb die Übergänge Stößel/Pleuel und Exzenterrad/Welle zu beachten. Die Krafteinleitung in das Pleuel sowie die erforderlichen Kräfte zur Abstützung des Exzenterrades an der Hauptwelle konnte aus der Gesamtberechnung der Presse [14] entnommen werden. Zum besseren Vergleich der Ergebnisse war es hier ratsam, auch die Idealisierung der Bauteile in finite Elemente aus derselben Arbeit zu verwenden. Aus diesem Grunde soll auf die Erstellung des FE-Programms nur soweit erforderlich eingegangen werden. Abweichend zur üblichen Programmerstellung nach der FEM wurde hier im angenommenen, maximal möglichen Berührbereich für Exzenterrad und Pleuel ein Hauptnetz erstellt. Für die Erstellung der Strukturdaten für die Berücksichtigung der Berühreffekte war somit nur die Berechnung bis zur Hauptnetzebene notwendig, d. h. es wurden nur die Verschiebungen des Hauptnetzes benötigt. Da es sich hier um eine gekrümmte Berührfläche handelt, war ein lokales Koordinatensystem mit einer auf der Berührfläche senkrecht stehenden Komponente einzuführen.

4.2 Durchführung der Berechnung; Ergebnisse

Für die Baueinheit Exzenterrad-Pleuel wurde gemäß [14] ein Istspiel von S_i = 0,28 mm vorgesehen. Nach Ausgleich der Starrkörperverschiebungen ist der Ausgangsberührzustand festzulegen. Der Ausgangsberührzustand zwischen Exzenterrad und Pleuel bei Arbeitsbelastung kann hier als Punktberührung nach Bild 16 oder auch als Linienberührung entlang der Symmetrieebene aufgefaßt werden. Ausgehend von dem vorgegebenen Istspiel können die tatsächlichen Abstände der gegenüberliegenden Knotenpunkte der idealisierten Strukturen einfach ermittelt und für die Berührungsrechnung bereitgestellt werden.

4.2.1 Verschiebungsverhalten in der Berührzone

Aus dem Verschiebungsverhalten in der Berührzone ist zunächst der Berührzustand der idealisierten Bauteile zu erkennen. Bild 17 zeigt detailliert die Knotenpunkte, die abhängig von der Belastung zur Berührung kommen. Beim Lastfaktor $q = 0$ ergibt sich Linienberührung. Durch Erhöhung der Belastung kommt stets die nächste Knotenpunktreihe und zwar von außen nach innen zur Berührung. Dadurch kommt die besonders starke Belastung der Kante des Pleuelauges zur Ausdruck. Das detaillierte Verschiebungsverhalten in der Berührzone wie es sich hier zeigt, widerspricht also nicht der Erfahrung. Bei einer Ausbreitung (Darstellung in der Ebene) der Berührzone von $\alpha \approx 50°$ (Bild 18) ist auch durch weitere Belastungserhöhung keine größere Druckfläche zu erreichen. Bezogen auf die projizierte Druckfläche erhält man hier eine tatsächliche projizierte Druckfläche von $\approx$ 76 %. In Bild 18 ist die Ausbreitung der Berührfläche durch den Winkel α über der Belastung dargestellt. Durch hinreichend feine Idealisierung kann der Kurvenverlauf durchaus als stetige Kurve gezeichnet werden. Der Vergleich mit der rechnerischen Lösung nach [14] zeigt unter der Annahme, daß der erste Anlagepunkt bei vergrößertem Winkel α als Berührung entlang der gesamten Mantellinie zu interpretieren sei, gute Übereinstimmung. Wie sich im folgenden aber noch zeigen wird, ist für die genauere Bestimmung des gesamten Bauteileverhaltens die detaillierte Kenntnis der Berühreffekte entscheidend.

Das Ergebnis der Berührflächenausbreitung ist auch von der Art der verwendeten Elemente sowie von der Feinheit der Elementeinteilung abhängig. Elemente mit höherwertigen Ansatzfunktionen sowie zunehmende Feinheit der Elementeinteilung lassen genauere Ergebnisse erwarten. Bei der Beurteilung der Rechenergebnisse ist zu beachten, daß es sich bei den realen Bauteilen hier um einen dynamischen und nicht einen statischen Lastfall handelt. Ebenso erfolgt die Druckübertragung zwischen Pleuel und Exzenter über einen Schmierfilm [35], der auch im folgenden unberücksichtigt bleiben soll. Die Berechnung des reibungsfreien Falles erscheint gerechtfertig, da man ohnehin bemüht ist, den Reibungskoeffizienten zwischen Pleuel und Exzenterrad möglichst niedrig zu halten.

4.2.2. Verschiebungsverhalten des Pleuels

Unter Arbeitsbelastung ergibt sich durch das elastische Verhalten von Pleuel und Exzenterrad eine Verkürzung des Pleuels und eine Durchbiegung des Exzenterrades. Beides trägt zur Auffederung des Arbeitsraumes der Presse bei. In Bild 19 sind die Differenzverschiebungen an verschiedenen bezeichneten Punkten des Pleuels zu einem Referenzpunkt in Abhängigkeit von der Belastung angegeben. Für alle vier Punkte ergeben sich nichtlineare Kurvenverläufe. Während der Vergleich der Ergebnisse von Rechnung und Messung nach [14] eine schon relativ gute Übereinstimmung ergab, konnte nach der hier durchgeführten Berechnung insbesondere für die Kurven 1, 3 und 4 eine noch bessere Übereinstimmung mit den Meßwerten erzielt werden. Allerdings besteht nach [14] für die Meßwerte 1 und 2 große Meßunsicherheit, da es sich um kleine Verschiebungsbeträge handelt. Für beide Berechnungen wurde hier das gleiche Rechenmodell verwendet. Der Grund für das veränderte Verschiebungsverhalten liegt allein in den Verhältnissen der Berührzone, die hier detaillierter behandelt wurden. Es zeigt sich hier auch, daß die Verschiebungen von Punkten, die von der Berührzone relativ weit entfernt sind, nur wenig von einem linearen Kurvenverlauf abweichen (Kurvenverlauf 3 und 4). Da jedoch das nichtlineare Verhalten der Bauteile besonders bei kleinen Belastungen deutlich wird, ist es nicht zu empfehlen, die bei einem angenommenen Anfangsberührzustand erzielten Ergebnisse linear zu extrapolieren.

4.2.3 Spannungsverteilung im Pleuel

Die Spannungsverteilung des untersuchten Pleuels wurde bereits in [14] ausführlich diskutiert. Deshalb soll hier nur auf die Abweichungen eingegangen werden, die sich durch die detailliertere Berücksichtigung der Berühreffekte ergeben haben.

Während die Normalspannungen im Pleuelschaft, die bei steigender Arbeitsbelastung ohnehin verhältnismäßig linear ansteigen, gut mit den Ergebnissen in [14] übereinstimmen, ergeben sich im Bereich des großen Pleuelauges größere Abweichungen. Verursacht durch die Kantenpressung zwischen Pleuel und Exzenter ergibt sich eine maximale Spannung von $\sigma_{rmax} = - 119$ N/mm² (Bild 20). Die Spannung σ_{rmax} ist somit um 24 % kleiner als in [14]. Ebenso ergeben sich bei den Spannungen, die sich infolge der ovalen Verformung des Pleuelauges einstellen, um ca. 24 % geringere Werte. Die Unstimmigkeiten lassen sich durch die unterschiedlichen Berechnungen zur Erfassung der Berühreffekte erklären. Da die Ergebnisse der durchgeführten Berechnungen nach [14] durch Addition der Teilergebnisse bei definierten Berührzuständen hervorgegangen sind, läßt sich erklären, daß sich Ungenauigkeiten bezüglich der durch die Randbedingungen bestimmten Ergebnisse stets fortpflanzen. Auch die Addition der Ergebnisse über die gemittelten Laststufen läßt keine Abschätzung der Güte der Ergebnisse zu.

Zur Verbesserung der Ergebnisse soll deshalb die hier angewendete Methode empfohlen werden, wobei durch Verfeinerung der Elementeinteilung die Ergebnisse im Rahmen der FEM verbessert werden können. Während sich die Normalspannung im Pleuelschaft als relativ steitg erweist und somit auch durch eine relativ grobe Elementeinteilung nachgebildet werden kann, zeigen sich im Berührbereich Spannungsspitzen, die sicher nur näherungsweise ermittelt werden konnten. Um die Druckspannungen und insbesondere die Spannungsspitze in der Fuge zwischen Pleuel und Exzenterrad aus dem Spannungstensor der berührenden Bauteile abzuleiten, wäre nach [40] eine sehr feine Elementeinteilung in diesem Bereich erforderlich.

5 Untersuchung der Baugruppe Stößel/Führung einer mechanischen Zweiständerpresse

Das elastische Verhalten von Pressen wurde in der Vergangenheit hauptsächlich in Richtung der Arbeitsbelastung untersucht. Infolge der senkrecht zu Tisch und Stößel eingeleiteten Belastung treten in dieser Richtung zweifellos die größten elastischen Verformungen auf. Um jedoch weitere wichtige Pressen-Kennwerte wie z. B. Stößelkippung und Mittenversatz (Abschnitt 1.1) zu erhalten, ist es notwendig, auch das elastische Verhalten senkrecht zur Belastungsrichtung zu berücksichtigen. Das gesamte Verschiebungsverhalten des Pressenrahmens kann dabei Aufschluß über mögliche Maßnahmen zur Verbesserung der Kennwerte geben. Durch die Belastung von Tisch und Stößel werden während des Umformvorgangs sowohl bei symmetrischer als auch bei exzentrischer Krafteinleitung Kräfte vom Stößel auf die Führungen bzw. die Seitenständer übertragen. Bei Arbeitsbelastung ergeben sich nun für Stößel und Führung lastabhängige Randbedingungen, d. h. die Berühreffekte sind hier mit in die Berechnung einzubeziehen.

5.1 Modelluntersuchung an einer Zweiständerpresse mit Querwellenantrieb

5.1.1 Idealisierung der Bauteile

Ausgangspunkt der Untersuchung war ein einfaches, ebenes Pressenmodell bestehend aus Pressenrahmen, Stößel und zwei Pleueln. Darstellungen von ausgeführten Preßmaschinen, auf die hier nicht näher eingegangen werden soll, sind in [42] enthalten. Um das Problem zu vereinfachen, wurde auf die Berechnung der Welle verzichtet. Die Pleuelkräfte wurden somit direkt in das Querhaupt eingeleitet. Aus dieser Vereinfachung wurde keine schwerwiegende Auswirkung auf das prinzipielle Verhalten von Stößel und Führung erwartet. Es war andererseits aber auch nicht möglich, auf die Berechnung des gesamten Pressenrahmens zu verzichten und statt dessen nur die Führung bzw. die Ständer zu berücksichtigen, da das elastische Verhalten der Ständer nicht von vornherein bekannt war. Da einige Untersuchungsergebnisse [43] für ein ausgewähltes Pressenmodell vorlagen, wurde versucht, anhand neuer Berechnungen Vergleichswerte zu erhalten. Durch Anwendung der Modellgesetze [10] läßt sich bei bekannten Modellgrößen eine Nennbelastung für das Modell errechnen, die die gleichen Ergebnisse wie für eine entsprechend berechnete Originalausführung liefert. Im übrigen sollen hier zunächst nur Veränderungen an dem vorgegebenen Modell beobachtet werden, die sich bei verschiedenen Randbedingungen ergeben.

Das berechnete Pressenmodell ist in Bild 21 a vereinfacht dargestellt. Das Rechenmodell I (Bild 21 b) stellt eine Nachbildung des in der genannten Untersuchung für das FE-Programmsystem STRUDL II entwickelten Modells dar. Damit sollte ein möglicher Einfluß der Elementwahl und -größe ausgeschaltet werden. Im hier angewendeten FE-Programmsystem ASKA [29] wurden für das Rechenmodell I die Membranelemente (QUAM 8, QUAC 8, TRIM 6) und Flanschelemente (FLA 2) verwendet. Das idealisierte Rechenmodell II (Bild 21 c), auf das später eingegangen werden soll, weist nur im Berührbereich eine relativ feine Elementeinteilung auf. Ständer und Querhaupt sind entsprechend gröber eingeteilt. Als Elemente wurden hier die Membranelemente QUAM 4, TRIM 3 und zur Darstellung der Pleuel die Elemente FLA 2 verwendet. Bei der Erstellung beider Rechenmodelle wurde außerdem darauf geachtet, daß innerhalb des maximal möglichen Berührbereichs zwischen Stößel und Führung gegenüberliegende Knotenpunkte vorhanden sind. Bei festgelegter Höhe des Arbeitsraumes zwischen Tisch und Stößel läßt sich die Lage des maximalen Berührbereichs bei gegebener Stößelhöhe leicht angeben.

5.1.2 Durchführung der Berechnung

Die Belastung der Presse soll hier durch eine Linienlast auf Stößel und Tisch erfolgen. Neben der symmetrischen Belastung ist besonders zur Ermittlung des elastischen Verhaltens senkrecht zur Belastungsrichtung die exzentrische Belastung von Bedeutung. Die Kraftresultierende befindet sich bei den asymmetrischen Lastfällen zwischen der Mittelachse und dem rechten Pleuel (Außermittigkeit a ≙ 50 %).

Vor der detaillierten Betrachtung der Berührzone zwischen Stößel und Führung soll an dieser Stelle auf Möglichkeiten eingegangen werden, die es unter Anwendung der Unterstrukturtechnik erlauben, die Berühreffekte näherungsweise zu berücksichtigen. Es soll dabei sichergestellt sein, daß der Stößel in Richtung der Arbeitsbelastung über die Pleuel abgestützt wird, während senkrecht dazu die Abstützung über die Führung erfolgt. Da die Koppelung von einzelnen Knotenpunktsfreiheitsgraden unterschiedlicher Strukturen möglich ist, können gegenüberliegende Knoten der berührenden Bauteile gekoppelt werden. Die Koppelung muß hier senkrecht zur Berührfläche erfolgen, damit tangential zur Berührfläche Verschiebungen möglich sind. Durch mehr oder weniger geschickte Annahmen kann ein bestimmter Berührzustand vorausgesetzt werden. Die einfachste Annahme ist die, daß der Berührzustand für die gesamte Berechnung vorausgesetzt wird, der sich bei Spielausgleich ergibt (Annahme 1). Ein solcher Anfangsberührzustand ergibt sich bei der in Bild 21 a dargestellten Arbeitsbelastung für den unteren rechten und den oberen linken Eckpunkt des Stößels. Die punktförmige Belastung der Führung ist zwar nicht realistisch, doch ergibt sich hiermit immerhin die Möglichkeit, die Ständer an der Durchbiegung nach innen zu behindern. Eine weitere Annahme besteht darin, einfach eine wahrscheinliche Berührfläche zu bestimmen. Hier ist jedoch darauf zu achten, daß in der Berührzone keine Zugkräfte auftreten. Der gewählte Berührbereich betrug das 0,3fache der maximal möglichen Berührfläche (Annahme 2). Eine weitere Möglichkeit besteht darin, ebenfalls wie bei Annahme 2 von einer bestimmten Berührfläche auszugehen und zwischen gegenüberliegende Knotenpunkte von Stößel und Ständer Flanschelemente einzubauen [43]. Damit kann evtl. die Nachgiebigkeit der Führungsleiste simuliert werden. Die angenommene Berührfläche entspricht hier der von Annahme 2.

Bei den kurz angedeuteten Methoden, die Berühreffekte in die gesamte Pressenberechnung mit einzubeziehen, kann allerdings ein Spiel zwischen Stößel und Führung nicht berücksichtigt werden. Durch Verschiebungen senkrecht zur Berührfläche kann es für die Knotenpunkte, die nicht in die Berührfläche miteinbezogen worden sind, weiterhin zu Durchdringungen kommen. Bei der

Darstellung der Ergebnisse sollen die unter vereinfachten Annahmen durchgeführten Berechnungen miteinander verglichen werden. Im Anschluß daran werden die Ergebnisse bei detaillierter Betrachtung der Berühreffekte wiedergegeben. Entsprechend Abschnitt 3.3 sind dabei die Strukturdaten für die anschließende Berührungsrechnung bereitzustellen. Bei einer exzentrisch auf den Stößel wirkenden Belastung (50 % Außermittigkeit) wird dann bei festgelegtem Istspiel zwischen Stößel und Führung (S_i = 0,1 mm und 1,0 mm) die Berührungsrechnung durchgeführt. Der Ausgangsberührzustand entspricht dem von Annahme 1. Bei steigender Belastung können dann die Veränderungen im Berührbereich beobachtet werden. Die Auswirkungen der Verhältnisse in der Berührzone auf die Pressengrößen werden im Anschluß daran dargestellt.

5.1.3 Ergebnisse bei vereinfachten Annahmen über den Berührbereich

5.1.3.1 Verschiebungsverhalten des Pressenrahmens

Bei symmetrischer Belastung der Arbeitsflächen der Presse ergibt sich ein symmetrisches Verschiebungsverhalten, das insbesondere durch die Durchbiegung von Tisch und Querhaupt in Belastungsrichtung, sowie die Durchbiegung der Seitenständer in den Arbeitsraum gekennzeichnet ist. Falls keine Koppelung zwischen Stößel und Führung vorgesehen ist, ergeben sich unrealistische Durchdringungen. Dabei ist mit einer Auffederung der Arbeitsflächen in Belastungsrichtung zu rechnen, die um ca. 5 % größer ist, als bei der teilweisen Behinderung der Ständerdurchbiegung durch den Stößel. Bei symmetrischer Arbeitsbelastung und den angenommenen Berührflächen zwischen Stößel und Führung nach Annahme 1 und 2 ergibt sich bereits ein ausgeprägtes asymmetrisches Verschiebungsverhalten. Durch eine außermittige Belastung (50 %) wird unter Beibehaltung der Berührverhältnisse das asymmetrische Verschiebungsverhalten verstärkt. Bild 22 zeigt die Verschiebungen des Pressenrahmens bei den genannten Annahmen. Während sich Tisch und Querhaupt nahezu gleich verhalten, ergeben sich im Bereich der Ständer deutliche Unterschiede. Bei Annahme 2 werden hier die Seitenständer über eine größere Berührfläche als bei Annahme 1 gezwungen, die Verschiebungen des Stößels mitzumachen. Dadurch kommt es bei Annahme 1 in einem größeren Bereich zu Durchdringungen zwischen Stößel und Ständer. Werden zwischen Stößel und Ständer Flanschelemente zur Druckübertragung verwendet, so ergeben sich weitere Veränderungen im Verschiebungsverhalten. Gegenüber der Berechnung nach Annahme 2, bei der dieselben Knotenpunkte in x-Richtung gekoppelt waren, die nun mit Flanschelementen verbunden sind, ergaben sich betragsmäßig geringere Verschiebungen der Ständer und des Querhauptes in x-Richtung. Die geringeren Verschiebungen lassen sich hier durch die Pufferwirkung der Flanschelemente erklären. Durch die Veränderung des E-Moduls bzw. der Querschnittsfläche der Flanschelemente wäre somit, bei bekanntem Steifigkeitsverhalten der Führungen, sicher eine weitgehende Anpassung an die realen Verhältnisse möglich.

Zusammenfassend kann gesagt werden, daß sich bei allen drei aufgezeigten Möglichkeiten unrealistische Durchdringungen von Stößel und Ständer ergeben, die einen Einfluß auf das Verschiebungsverhalten der Gesamtstruktur, insbesondere aber im Berührbereich aufweisen. Ein Führungsspiel zwischen Stößel und Ständer kann auf diese Weise nicht berücksichtigt werden. In einzelnen Fällen, falls die Verhältnisse im Berührbereich nicht interessieren, kann eine Lösung mit Hilfe der vereinfachten Annahmen ausreichen. Es ergibt sich ein lineares Bauteileverhalten.

5.1.3.2 Spannungsverteilung am Pressenrahmen

Die mit Hilfe des ebenen Rechenmodells errechneten Spannungen können als realistisch betrachtet werden, falls die reale Ausführung der Presse tatsächlich dominierende Frontplatten aufweist. Infolge der Arbeitsbelastung treten in den Ständern die größten Spannungen in y-Richtung und in Tisch und Querhaupt in x-Richtung auf. An der Außen- und Innenkontur erreichen diese Spannungen ein Maximum. Da die maximalen Spannungen an der Außenkontur des Rahmens um ca. 58 % kleiner sind als an der Innenkontur, soll nur die Spannungsverteilung an der Innenkontur betrachtet werden.

Qualitativ ergibt sich hier die gleiche Spannungsverteilung wie bei detaillierter Betrachtung der Berühreffekte zwischen Stößel und Ständer. Die Unterschiede werden in Abschnitt 5.1.4.4 dargestellt.

5.1.4 Ergebnisse unter Beachtung der Berühreffekte

5.1.4.1 Verschiebungsverhalten im Berührbereich Stößel-Führung

Durch Einbeziehen des lastabhängigen Berührverhaltens in die Berechnung entsprechend Abschnitt 3.3 soll nun das Verschiebungsverhalten untersucht werden. Die mit dem Vorprogramm ermittelten Strukturdaten in der Berührzone werden in der Berührungsrechnung weiterverarbeitet. Bei rechtsaußermittiger Arbeitsbelastung ist zunächst eine Anfangskippung durch den Spielausgleich anzunehmen. Die Belastung beginnt also bei einem durchaus realen Ausgangsberührzustand, bei dem die rechte untere und die linke obere Stößelecke an der Führung anliegt. Ein Spielausgleich in den Lagern, der bereits eine bestimmte Arbeitsbelastung voraussetzt, bleibt hier unberücksichtigt.

Durch die steigende Belastung zeigt sich nun in Bild 23 eine vom Ausgangsberührzustand ab zunehmende Berührfläche. Bezieht man die rechts und links entstehende Berührfläche auf die zwischen Stößel und Ständer maximal mögliche Berührfläche, so zeigt sich, daß auch bei noch so hoher Arbeitsbelastung und den hier gewählten Daten, sich eine max. relative Berührfläche von ca. 0,8 einstellt. Die bei verschiedenen Istspielen durchgeführten Berechnungen zeigen, daß bei gleichen Randbedingungen die gleiche Berührfläche entsteht, wenn bei k-fach größerem Spiel eine k-fach größere Belastung aufgewendet wird. Dies hängt mit dem angenommenen linearen Strukturverhalten zwischen den einzelnen Berührzuständen zusammen. Bei größerem Spiel zwischen einzelnen Knotenpunktspaaren der Berührzone ist deshalb eine entsprechend größere Belastung zur Änderung des Berührzustandes erforderlich. Entscheidend für das Gesamtverhalten der Presse ist jedoch die Berührflächenausbildung bei bestimmter Belastung z. B. bei Nennlast (Modell: F_N = 7.8 kN). So ergibt sich für das Ausgangsmodell und bei einem Istspiel von S_i = 0,1 mm eine ca. 3-fach größere Berührfläche wie beim Istspiel von S_i = 1,0 mm. Durch Verdoppelung des auf die Ständermitte bezogenen Flächenträgheitsmoments ergibt sich besonders bei höherer Belastung eine Abweichung im Berührverhalten. Wie zu erwarten, wird die Berührfläche bei steiferem Verhalten des Pressenrahmens kleiner. Der Unterschied beträgt hier je nach Laststufe und Führungsspiel bis max. 12 % (Bild 23).

In Bild 24 ist die Berührflächenausbreitung für das Istspiel S_i = 0,1 mm für die rechte und linke Berührzone getrennt dargestellt. Durch die rechts außermittig eingeleitete Belastung zeigt sich, daß die relative Berührfläche sich rechts stets größer als links und zwar um max. 20 % ausbildet. Beim doppelten Flächenträgheitsmoment der Ständer (I) zeigt sich bei einer niedrigeren rel. Berührfläche derselbe qualitative Verlauf.

Für eine Belastung, die hier der Modellnennlast entspricht, zeigt Bild 25 die Innenkontur des Pressenrahmens mit Stößel bei einem Istspiel von S_i = 0,1 mm. Durch die starke Vergrößerung des Verschiebungsmaßstabes kommt man hier in den Bereich der Bauteilabmessungen. Für die Koordinatenrichtung x und y wurden deshalb verschiedene Verschiebungsmaßstäbe gewählt. Während für berührende Knotenpunktspaare im Berührbereich gleiche Verschiebungen in x-Richtung gefordert werden, bleiben die Verschiebungen derselben Punkte in y-Richtung ohne Beschränkung (ideales Gleiten). Dadurch kann es, je nach Problemlage, zu Durchdringungen der berührenden Strukturen kommen. Ist das Steifigkeitsverhalten der berührenden Bauteile tangential zur Berührebene ungefähr gleich, so können die möglichen Durchdringungen vernachlässigt werden.

5.1.4.2 Verschiebungsverhalten des Pressenrahmens

Das Verschiebungsverhalten der Gesamtstruktur wird durch unterschiedliches Führungsspiel beeinflußt. Bei größerem Spiel kann der Ständer im Berührbereich ungehindert größere Verschiebungen in Richtung Stößel durchmachen. Bei der Betrachtung der bei Modellnennlast dargestellten "Momentaufnahme" der Verformungen (Bild 26), ergibt sich bei großem Spiel eine relativ kleine, bei kleinem Spiel eine große Berührfläche. Die über diese Berührfläche übertragenen Druckkräfte verursachen bei einem Istspiel S_i = 1,0 mm im Bereich des Querhauptes eine um 8,3 % größere Verschiebung in x-Richtung als im Falle von S_i = 0,1 mm. Bei größerem Spiel ergibt sich also ein "weicheres" Verhalten der Gesamtkonstruktion, d. h. eine geringfügige Abnahme der Steifigkeit in Belastungsrichtung und in größerem Maße normal dazu.

5.1.4.3 Möglichkeiten der FEM-Analyse zur Darstellung von Pressenkenngrößen

Anhand des beschriebenen Pressenmodells soll das prinzipielle Verhalten der Struktur untersucht werden. Eine Übertragung der Rechenergebnisse auf eine reale Ausführung ist zwar mit Hilfe der Modellgesetze möglich, soll aber an dieser Stelle nicht erfolgen. Es sollen hier vielmehr die Auswirkungen vereinfachender Annahmen im Berührbereich ebenso wie die des variierten Spiels bei detaillierter Betrachtung der Berühreffekte untersucht werden. Der Fall der 50 %-außermittigen Belastung steht dabei im Vordergrund.

Auffederungsverhalten:
In Bild 27 ist die Verschiebung u_y, d. h. die Auffederung von Tisch und Stößel ohne Berücksichtigung des Spielausgleichs in den Lagern über der Belastung aufgetragen. Die Abhängigkeit der Auffederung von der Belastung ist nahezu linear. Ein geringfügig degressives Verhalten erklärt sich aus der Zunahme der Berührfläche zwischen Stößel und Ständer und damit der Gesamtsteifigkeit. Bei verkleinertem Spiel, von S_i = 1,0 mm auf S_i = 0,1 mm ergibt sich ebenfalls eine Zunahme der Gesamtsteifigkeit, wobei die Auffederung in Belastungsrichtung sich um max. 2 % verringert. Mit zunehmender Belastung werden die Unterschiede in der Auffederung u_y bei verschiedenen Führungsspielen geringer.

Im Falle des doppelten Ständerflächenträgheitsmomentes, das sich hier bei durchgehender Verbreiterung der Seitenständer ergeben hat, erhält man bei der Tischdurchbiegung um betragsmäßig max. 2,2 % größere Werte. Bei der Auffederung des Stößels ergeben sich bei doppeltem Ständerflächenträgheitsmoment um ca. 7 % geringere Werte, wobei die Ständerquerschnittsflächen um ≈26 % zugenommen haben. Wie im folgenden noch zu sehen ist, wird die Verminderung der Stößelauffederung fast ausschließlich durch die Vergrößerung der Ständerquerschnittsfläche verursacht. Die betragsmäßig größere Tischdurchbiegung erklärt sich aus der Vergrößerung des Abstandes der Ständermittelachsen.

Parallelitätsverhalten:
Die Berücksichtigung der Berühreffekte läßt nun auch für das Parallelitätsverhalten der Arbeitsflächen ein realistisches Verhalten erwarten. Die Stößelkippung kann dabei durch die Verschiebungen der Eckpunkte der Arbeitsfläche ermittelt werden. Schwieriger ist die Definition der Tischkippung. Hier könnten die Endpunkte der Arbeitsfläche oder die der Belastung abgewandte Seite des Tisches zur Berechnung der Tischkippung herangezogen werden. Da die zuletzt genannte Möglichkeit stets größere und damit ungünstigere Werte für die Tischkippung liefert, wurde die Tischkippung mit den Verschiebungen des Tischmittelpunktes und des linken Endpunktes (bei rechts außermittiger Belastung) berechnet.

Über dem Belastungsmoment aufgetragen, zeigt Bild 28 die Stößel- und die Tischkippung. Bei steigender Belastung ergibt sich eine nahezu linear ansteigende Tischkippung, die bei dem kleineren Istspiel S_i = 0,1 mm betragsmäßig kleiner ist ("steiferes Verhalten") als bei S_i = 1,0 mm. Beim verdoppelten Ständerflächenträgheitsmoment ist die Tischkippung geringfügig größer. Im Vordergrund der Betrachtung über das Parallelitätsverhalten soll hier die Stößelkippung stehen. Für die Stößelkippung ergibt sich unter Beachtung der jeweiligen Anfangskipkung im Falle des größeren Spiels ein größerer Wert. Bei Zunahme des Belastungsmoments nimmt jedoch bei kleinerem Spiel die Stößelkippung stärker zu. Da bei kleinerem Spiel die Berührfläche zwischen Stößel und Ständer größer ist als bei größerem Spiel und gleichem Belastungsmoment, erfolgt für den Stößel bzw. die Ständer entlang einer größeren Berührfläche eine Zwangsverschiebung durch Berührungspunkte. Der Stößel macht damit die Verschiebungen der Ständer in höherem Maße mit als bei größerem

Spiel. Beim doppelten Ständerflächenträgheitsmoment und gleichem Istspiel von S_i = 0,1 mm ergibt sich insbesondere durch das in x-Richtung steifere Verhalten eine um ≈ 20 % geringere Stößelkippung.

Berechnet man analog der Federzahl eine Kippzahl und bezieht diese auf die Kippzahl, die bei linearen Verhältnissen von einem Anfangsberührzustand (Annahme 1) errechnet wird, so ergeben sich die Verhältnisse von Bild 29. Eine größere Kippzahl bedeutet dabei, daß ein größeres Belastungsmoment erforderlich wird, um eine bestimmte Stößelkippung zu erreichen. Bei Annahme 2, der größeren Berührfläche, ergibt sich eine größere Kippzahl bei ebenfalls linearen Verhältnissen wie für Annahme 1. Bei Berücksichtigung der Berühreffekte ergibt sich bei verändertem Spiel und bei kleinem Belastungsmoment eine relative Kippzahl > 100 %. Bei Erhöhung des Moments nimmt die relative Kippzahl auf ≈ 94 % ab. Bei dem kleineren Führungsspiel von S_i = 0,1 mm stellt sich bereits bei dem Belastungsmoment von > 250 kN · mm ein nahezu lineares Verhalten ein. Bei dem Spiel von S_i = 1,0 mm stellt sich ein ähnlich lineares Verhalten erst bei einem Belastungsmoment > 1000 kN·mm ein. Dies spiegelt die Tatsache wieder, daß bei Erreichen der maximalen Berührfläche zwischen Stößel und Führung sich die Bauteile linear verhalten. Bei doppeltem Flächenträgheitsmoment und einem Istspiel von S_i = 0,1 mm ergibt sich eine um 27 % größere Kippzahl als bei dem Ausgangsmodell mit gleichem Istspiel.

Mittenversatz:

Ohne Berücksichtigung einer durch den Ausgangsberührzustand vorhandenen Verschiebung in x-Richtung sind in Bild 30 die Verschiebungen u_x der Arbeitsflächen von Stößel und Tisch an der Symmetrielinie dargestellt. Der Tischmittelpunkt verschiebt sich bei Erhöhung des Belastungsmoments nach rechts, der Stößelmittelpunkt nach links. Während sich die Tischverschiebungen nahezu linear verhalten, ergibt sich für die Stößelverschiebung ein nichtlineares degressives Verhalten. Bei vermindertem Spiel sowie bei verdoppeltem Ständerflächenträgheitsmoment nehmen die Verschiebungen u_{xS} des Stößels deutlich ab. In Bild 31 sind diese Verhältnisse in bezug auf die lineare Berechnung für den

Ausgangsberührzustand (Annahme 1) dargestellt. Für die Annahme 2 ergeben sich um ca. 25 % größere Verschiebungen u_{xS}. Beim Istspiel S_i = 1,0 mm ergeben sich um maximal ≈40 % größere und bei S_i = 0,1 mm um maximal ≈35 % kleinere Verschiebungen als bei Annahme 1. Entscheidend ist hier wiederum das steifere Verhalten in x-Richtung bei kleinerem Führungsspiel.

Im Gegensatz zu den hier dargestellten Verschiebungen von Stößel und Tisch in x-Richtung ohne Berücksichtigung der Ausgangsstellung des Stößels, soll in Bild 32 der Versatz der Mittelachsen von Tisch und Stößel in Tisch- und Stößelebene betrachtet werden. Der Versatz bei der Belastung F = 0 ergibt sich aus der Stößelkippung nach dem Spielausgleich. Bei der Erhöhung der Belastung nimmt der durch die Anfangsstößelstellung verursachte Versatz der Mittelachse in Stößelebene auf den Wert 0 ab und steigt dann oberhalb einer bestimmten Belastung wieder an. Von dieser Belastung ab schneiden sich die Mittelachsen innerhalb des Arbeitsraumes. Daraus kann eine optimale Arbeitshöhe innerhalb des Arbeitsraumes der Presse abgeleitet werden. Beeinflußt durch die Stößelstellung bei der Last F = 0 steigt mit zunehmender Last der Versatz der Mittelachsen in Tischebene an. Die Ergebnisse, die hier für das Führungsspiel von S_i = 1,0 mm und 0,1 mm dargestellt sind, zeigen den entscheidenden Einfluß des Spiels im Anfangsberührzustand. Mit zunehmender Belastung nähern sich die Kurven für die beiden Fälle an. Bei der maximal zu erreichenden Berührfläche zwischen Stößel und Führung ergibt sich ein lineares Bauteileverhalten, das besonders bei höheren Belastungen durch die Kurven zum Ausdruck kommt. Die Angleichung der Steigungen der entsprechenden Kurven mit zunehmender Belastung deutet auf ähnliches elastisches Verhalten hin.

In bezug auf die linearen Lösungen nach den Annahmen 1 und 2 ergeben sich bei der Berücksichtigung der Berühreffekte (nach Abschnitt 3.3) Unterschiede im Verschiebungsverhalten der Arbeitsflächen. Während die Auffederung des Arbeitsraumes durch veränderte Berührbedingungen zwischen Stößel und Führung nur geringfügig beeinflußt wird, ergeben sich für die Stößelkippung und besonders für den Mittenversatz des Stößels erhebliche Unterschiede.

5.1.4.4 Spannungsverteilung am Innenrand des Pressenrahmens unter Beachtung der Berühreffekte

Die Spannungsverteilung soll hier nur qualitativ betrachtet werden. Die in Bild 33 eingezeichnete Spannung σ_t entspricht im Ständerbereich der Spannung σ_y und im Bereich von Tisch und Querhaupt der Spannung σ_x. Bei rechts-außermittiger Arbeitsbelastung ergeben sich am Übergang Ständer-Tisch (links) und Ständer-Querhaupt (rechts) die betragsmäßig größten Spannungen σ_t.

Entsprechend den größeren Zwangsverschiebungen, verursacht durch eine größere Berührfläche zwischen Stößel und Ständer, ergeben sich bei dem kleineren Istspiel um ca. 5 % größere max. Spannungen an den Übergängen Ständer-Tisch und Ständer-Querhaupt. Größere Unterschiede ergeben sich bei den Spannungen, die sich aufgrund der Annahmen 1 und 2 bei derselben Belastung einstellen. Die Annahme 2 entspricht dabei gerade der Berührfläche, die sich bei einem Istspiel von S_i = 1,0 mm einstellt. An den Übergängen Ständer-Tisch und Ständer-Querhaupt zeigt sich, daß die Spannungen nach Annahme 1 stets kleiner sind (max. 20 %), als bei der genauen Betrachtung der Berühreffekte bei S_i = 1,0 mm. Die Spannungen nach Annahme 2 sind dabei um max. 20 % größer.

Im Bereich der Berührzone zwischen Stößel und Führung zeigt der Spannungsverlauf σ_t ein Minimum. Die Seitenständer werden hier durch den Stößel an der Durchbiegung gehindert. Dies hat den Abbau der Biegespannungen zur Folge. Der allmähliche Spannungsabbau, wie er sich hier darstellt, erscheint realistisch und ist mit Hilfe der Annahmen 1 und 2 nicht zu erreichen. Bei beiden Annahmen über den Berührbereich ergibt sich im dargestellten Bereich ein schroffer Spannungsabfall, der auf eine Punktlast hindeutet. Betrachtet man die Spannungen σ_x, die Druckspannungen zwischen Stößel und Ständer, so wird dies bestätigt. Bei Annahme 1 und 2 erhält man Druckspannungsspitzen, die 4-fach und 2-fach so hoch sind als die max. Spannung bei der detaillierten Betrachtung der Berühreffekte. Der allmähliche Spannungsanstieg und Abfall der Spannung σ_x im Berührbereich (Bild 33) erscheint hier realistischer.

6 Untersuchung der Baugruppe Stößel-Führung an ausgeführten Pressen mit Ein- und Zweipunktantrieb

6.1 Lösungsweg

Aufbauend auf den Erkenntnissen von Kapitel 5 sollen hier zwei reale Ausführungen von Zweiständerpressen untersucht werden. Es handelt sich dabei um die bereits angeführte Längswellen-Kurbelpresse mit Einpunktantrieb F 315/04 der Firma Schuler sowie eine typische Längswellen-Kurbelpresse mit Zweipunktantrieb. Im Vordergrund der Untersuchung steht das elastische Verformungsverhalten der Presse bei exzentrischer Belastung. Durch Einbeziehen der realen Dimensionen in die Berechnung werden praxisnahe Pressenkennwerte erwartet. Die Ermittlung von Pressenkennwerten wie z. B. zur Auffederung des Arbeitsraumes oder zum Parallelitätsverhalten sowie zum Mittenversatz der Arbeit flächen macht die genaue Analyse des Berührbereiches Stößel-Führung erforderlich.

Ausgehend von den oben angeführten Maschinen sollen zusätzlich Konstruktions- und Belastungsparameter variiert werden, um deren Auswirkung auf das elastische Verhalten der Pressen zu untersuchen. Durch den Aufbau von Programmodulen soll eine wirtschaftliche Vorgehensweise sichergestellt werden. Zur weiteren Verminderung des Rechenaufwandes soll hier untersucht werden, das Problem als Detailproblem zu lösen. Um wirtschaftlich Variationsuntersuchungen durchführen zu können, ist jedoch eine spezielle Vorgehensweise erforderlich, die im folgenden noch hervorgehoben wird.

6.2 Aufbau und Test von Programmoduln

Entsprechend den Ausführungen in Kap. 2 ist, auch im Hinblick auf später durchzuführende Untersuchungen, ein Programmodul aufzubauen.

Um auf wirtschaftliche Art und Weise konstruktive Varianten eines Pressengestells unter Beachtung der Berühreffekte zwischen Stößel und Ständer berechnen zu können, ist es erforderlich, die Geometrie variabel zu gestalten. Ohne großen Aufwand kann damit die Geometrie wie z. B. Ständerquerschnitt, Ständerabstand, Tischhöhe usw. verändert werden. Für spezielle Anforderungen können in das vorhandene FE-Programm jederzeit für Tisch, Ständer, Querhaupt und Stößel neue Unterstrukturen eingefügt werden. Für die beiden angeführten Maschinen soll sich das verwendete Rechenmodell nur durch die Lage und Anzahl der Pleuel sowie die Geometrie unterscheiden.

Die Idealisierung der Presse ist in Bild 21 c dargestellt. Durch Einbeziehung der Berühreffekte zwischen Stößel und Führung ist eine relativ feine Elementaufteilung in diesem Bereich erforderlich. Es ist darauf zu achten, daß im Berührbereich gegenüberliegende Knotenpunkte zur Berührungsrechnung vorhanden sind. Da das elastische Verschiebungsverhalten von besonderem Interesse sein wird, können die übrigen Bereiche wie Querhaupt und Tisch verhältnismäßig grob aufgeteilt werden. Testrechnungen zeigten für die Rechenmodelle nach Bild 21 b und 21 c gute Übereinstimmung.

Bei der Festlegung der Geometriedaten für die zu berechnenden Pressen wurde von den Zeichnungsmaßen der realen Ausführung ausgegangen. Daraus ergab sich die Normalausführung der jeweiligen Presse. Beim Übergang von der räumlichen Ausführung auf das ebene Rechenmodell wurden die Querschnittsflächen sowie das Flächenträgheitsmoment von Querhaupt, Tisch und Ständer an die realen Verhältnisse angepaßt. Auch beim Pleuel wurde von einer mittleren Querschnittsfläche ausgegangen. Auf die Probleme, die beim Übergang von der realen räumlichen Ausführung zum ebenen Modell auftreten, wurde bereits in [21] hingewiesen. Ein ebenes Rechenmodell ist besonders dann empfehlenswert, wenn die reale Ausführung der Presse, wie hier aus zwei Frontplatten, die durch Rippen miteinander verbunden sind, aufgebaut ist [43]. Das ebene Modell berücksichtigt dabei im wesentlichen nur die Frontplatten. Der Einfluß von Versteifungsblechen auf das zu betrachtende Verformungsverhalten muß im einzelnen abgeschätzt werden. Eine detaillierte Spannungsanalyse soll hier nicht erfolgen, da die kritischen Bereiche wie z. B. Lager-Welle ohnehin nicht betrachtet werden. Zu diesem Zweck ist eine in Kapitel 7 dargestellte dreidimensionale (3 D) Untersuchung erforderlich.

6.3 Berechnung der Baugruppe Stößel-Ständer als Detailproblem

Zur Reduzierung des Berechnungsaufwandes soll hier versucht werden, das Problem, insbesondere im Hinblick auf viele durchzuführende Variationsrechnungen, als Detailproblem zu behandeln. Zu diesem Zweck wurden nur die Seitenständer und der Stößel in die Berechnung mit einbezogen. Die Idealisierung der angeführten Bauteile entspricht derjenigen nach Bild 21 c. Ein weiteres einfaches Rechenmodell lieferte die Randwerte für die Übergänge von Ständer-Tisch und Ständer-Querhaupt sowie für Stößel-Pleuel, die als vorgegebene Verschiebungen in die Berechnung mit eingegangen sind. Die "Belastung" erfolgte somit mit den zuvor berechneten Verschiebungen. Zum Vergleich wurde das Gesamtmodell (Bild 21 c) mit denselben Konstruktionsdaten herangezogen. Die Konstruktionsdaten sowie die Randbedingungen sind aus Kap. 5, der Modelluntersuchung, entnommen.

Zur Durchführung der Berechnung als Detailproblem war zunächst die Aufbereitung der Daten zur Berührungsrechnung notwendig. Während die Verschiebungen im Berührbereich infolge der außermittigen Belastung des Stößels (50 %) sehr genau mit denen des Gesamtmodells übereinstimmten, ergaben sich bei der Erstellung der Flexibilitätsmatrix Schwierigkeiten. Zur Erstellung der Flexibilitätsmatrix waren keine Verschiebungen in den Übergangsbereichen zu Tisch, Querhaupt und den Pleueln vorhanden. Es wurden deshalb an den Übergangsbereichen Auflager eingeführt, die näherungsweise eine Darstellung der Flexibilitätsmatrix erlaubten.

Die Lösung des Detailproblems ergab zunächst für das Berührverhalten zwischen Stößel und Ständer gute Übereinstimmung mit den Ergebnissen des Gesamtmodells. Für Belastungen des Stößels $> 2 \cdot F_{Nmax}$ ergaben sich allerdings Abweichung in der Berührflächenausbreitung, die keine sinnvolle Aussage über das Verschiebungsverhalten und die Spannungsverteilung mehr möglich machten. Für größere Belastungen machen sich hier die vereinfachenden Annahmen bei der Erstellung der Flexibilitätsmatrix sowie die über der Belastung als linear angenommenen vorgegebenen Verschiebungen bemerkbar. Für Belastungen $< 2 \cdot F_{Nmax}$ wäre also das Problem ohne weiteres als Detailproblem zu behandeln.

Da vom Rechenaufwand her gesehen bei diesem Problem kein allzu großer Unterschied zwischen der Berechnung als Detailproblem und der Berechnung des Gesamtmodells besteht und eine genaue Lösung angestrebt wurde, soll in den folgenden Variationsuntersuchungen stets das Gesamtmodell betrachtet werden.

6.4 Durchführung der Berechnung

Die Berechnung des Verformungsverhaltens einer 0-Gestell-Presse wird mit Hilfe eines FE-Programms durchgeführt, das insbesondere daraufhin ausgelegt ist, daß Variationen an der Geometrie des Rechenmodells leicht vorgenommen werden können. Mit geringfügigen Veränderungen stellt dieses FE-Programm das Vor- und das Nachprogramm entsprechend Abschnitt 3.3 dar. Zur Berücksichtigung der Berührproblematik zwischen Stößel und Ständer wird das hierfür entwickelte Programm zwischen Vor- und Nachprogramm angewendet. Aus der Vorgehensweise wird deutlich, daß Spielvariationen bei vorhandenem Vorprogramm sehr einfach durchgeführt werden können. Die benötigte Rechenzeit beträgt hierfür, abhängig vom Berührproblem, nur einen geringen Anteil der Rechenzeit des FE-Vor- bzw. -Nachprogramms. Bei Veränderungen der Geometrie des Pressenrahmens oder der Belastungsart ist dagegen die gesamte Berechnung neu durchzuführen.

Im folgenden sollen die Ergebnisse dargestellt werden, die sich bei der Berechnung von realen Ausführungen von Pressen (Normalausführung) mit Ein- und Zweipunktantrieb unter den dargestellten Vereinfachungen ergaben. Ausgehend von den Normalausführungen der Pressen soll die Auswirkung der Variation

- des Führungsspiels zwischen Stößel und Ständer (bzw. Führung),
- der Exzentrizität der Arbeitsbelastung,

- und des Flächenträgheitsmoments der Ständer

auf das Verschiebungsverhalten des Arbeitsraumes untersucht werden.

6.4.1 Ergebnisse für die Presse mit Zweipunktantrieb

6.4.1.1 Verschiebungsverhalten der Normalausführung

Die Auffederung der Arbeitsflächen in Belastungsrichtung weist praktisch einen linearen Verlauf über der Belastung auf. Für das Rechenmodell ergab sich eine Gesamtfederzahl von C_y = 3,20 MN/mm. Im Vergleich zu den in der Literatur angegebenen Werten [6], die für eine derartige Presse bei 1.13 ... 1.76 MN/mm liegen (Gl. 1,2), erscheint der berechnete Wert zu groß. Es ist hier allerdings zu bedenken, daß die Hauptwelle und das Exzenterrad, die eine Verringerung der Steifigkeit bewirken, nicht in die Berechnung miteinbezogen wurden.

Das Parallelitätsverhalten wurde bei einer 50 % außermittigen linienförmigen Belastung untersucht. Das Belastungsmoment ergibt sich bei einer Nennlast von 2 MN zu 411 MN · mm. Aus dem Führungsspiel zwischen Stößel und Führung von S_i = 0,1 mm ergibt sich eine Anfangskippung des Stößels durch Spielausgleich, die ca. 1/3 der Gesamtkippung bei Nennlast ausmacht (Bild 34). Die Anfangskippung des Stößels von hier k_{So} = 0,17 mm/m läßt sich aus der Stößelhöhe und dem Führungsspiel ermitteln. Wird der Stößel auf einer größeren Länge geführt, so vermindert sich die Anfangskippung. Für die Kippzahl $C_k = \Delta M / \Delta k$ ergibt sich nach [44] für eine entsprechende O-Gestellpresse ein oberer Wert von C_k = 1.0 MNm/mm/m. Obwohl die Berechnung im Gegensatz zur Tischkippung keinen linearen Zusammenhang zwischen der Stößelkippung und der Belastung (bei konst. Außermittigkeit) liefert, so kann dennoch näherungsweise eine Kippzahl angegeben werden, die hier bei $C_k \approx 1{,}37 \frac{\text{MNm}}{\text{mm/m}}$ liegt. Erfolgt die Berechnung der Kippung nach Gl. (1,4), so ergibt sich hier ein p-Wert von ca. 484, sofern die Kippzahl in MNmm/mm/m und die Nennkraft in MN eingesetzt wird. Nach [16] liegen die p-Werte für ausgeführte O-Gestellpressen zwischen p = 10 ... 100, wobei Einpunktpressen im allgemeinen niedrigere Werte als vergleichbare Zweipunktpressen aufweisen. Kippungen des Stößels nach vorne und hinten, die hier nicht betrachtet werden, ergeben für beide Pressenarten ungefähr gleiche Werte, die im allgemeinen ungünstiger ausfallen [16].

Für die Verschiebung des Stößel- und des Tischmittelpunktes senkrecht zur Belastungsrichtung ergeben sich bei Nennlast und der angegebenen Außermittigkeit die Werte $u_{xS} = -25\ \mu m$ und $u_{xT} = 11\ \mu m$ (Bild 35). Das Führungsspiel beträgt hier $S_i = 0{,}1$ mm. Da bei den angegebenen Werten die Verschiebungen aufgrund des Spielausgleichs nicht mitberücksichtigt sind, handelt es sich hier nur um die Werte, die sich aufgrund der elastischen Verformungen ergeben. Unter Berücksichtigung des Spielausgleichs ergibt sich für die Verschiebungen bei Nennlast für den Stößel $u_{xS} = +25\ \mu m$ und für den Tisch der oben genannte Wert.

Es kann hier festgestellt werden, daß die rechnerisch ermittelten Pressenkennwerte durchaus im Bereich der tatsächlich in der Praxis vorkommenden Werte liegen. Es wäre hier ohne weiteres möglich, das Rechenmodell noch besser an die reale Ausführung der Presse anzupassen. Durch die Verminderung der Gesamtsteifigkeit, die sich durch Berücksichtigung des gesamten Triebwerks ergibt, wären genauere Pressenkennwerte erzielbar.

6.4.1.2 Verschiebungsverhalten bei variiertem Führungsspiel und variierter Außermittigkeit der Belastung

Im Hinblick auf die Auffederung des Arbeitsraumes zeigt ein verändertes Führungsspiel nur einen unbedeutenden Einfluß. Bei kleinerem Spiel ergibt sich bei derselben Belastung eine größere Berührfläche zwischen Stößel und Führung (Bild 36 a), die in Belastungsrichtung eine geringfügige Steifigkeitserhöhung bringt. Auch bei verschieden gewählten Außermittigkeiten ergibt sich praktisch keine Auswirkung auf das Auffederungsverhalten.

In Bild 36 a ist die rel. Berührfläche zwischen Stößel und Führung für beide Seiten gemeinsam dargestellt. Auf den Zusammenhang, daß sich bei doppeltem Spiel und doppelter Belastung die gleiche Berührfläche einstellt, wurde bereits früher (Kap. 5) hingewiesen. Wird die Außermittigkeit des Kraftangriffs vergrößert, so ergibt sich nach Bild 36 b eine verminderte Anlagefläche. Für Außermittigkeiten > 100 % ist nur noch eine geringfügige Veränderung der rel. Berührfläche festzustellen. Geht man davon aus, daß die außermittige Belastung nur einen Bruchteil der Nennlast ausmacht, so ergeben sich jeweils nur kleine Berührflächen. Ohne Verschlechterung des elastischen Gesamtverhaltens wäre hier eine Aufteilung der Stößelführung in kleinere Führungsabschnitte möglich.

Der Zusammenhang zwischen dem Parallelitätsverhalten und dem Führungsspiel ist in Bild 37 a dargestellt. Während sich die Tischkippung praktisch unabhängig vom Führungsspiel einstellt, ergibt sich für die Stößelanfangskippung ein linearer Zusammenhang. Der elastische Anteil der Stößelkippung nimmt mit zunehmendem Spiel nichtlinear ab (siehe Kap. 5). Dennoch ergibt sich bei größerem Spiel stets eine größere Gesamtkippung.

In Bild 37 b ist das Parallelitätsverhalten in Abhängigkeit von der Außermittigkeit der Belastung dargestellt. Die Anfangskippung des Stößels durch den Spielausgleich ist von der Außermittigkeit der Belastung unabhängig. Der elastische Anteil der Stößelkippung nimmt mit zunehmender Außermittigkeit überproportional zu. Wäre der elastische Anteil der Stößelkippung allein von dem eingeleiteten Moment und nicht von der Stelle der Krafteinleitung abhängig, so müßte sich hier ein linear ansteigender Verlauf ergeben. Zusammen mit den praktisch linearen Anteilen der Stößelanfangskippung und der Tischkippung ergibt sich für die Gesamtkippung ein nichtlinearer Verlauf der der Aussage nach [6], daß das Parallelitätsverhalten nur vom eingeleiteten Moment und nicht von der Stelle der Krafteinteilung abhängig sei, widerspricht. Die geringfügige Abnahme der Tischkippung mit zunehmender Außermittigkeit erklärt sich aus der hier gewählten Definition der Tischkippung (Kap. 5). Würde man zur Definition der Tischkippung die Endpunkte der Aufspannplatte heranziehen, so ergibt sich mit zunehmender Außermittigkeit ein Anstieg der Tischkippung. Absolut gesehen erhält man allerdings vernachlässigbare Werte, die der tatsächlichen, auf das Werkzeug übertragenen Kippung keinesfalls Rechnung tragen.

Für die Verschiebungen des Tischmittelpunktes senkrecht zur Belastungsrichtung ergeben sich praktisch vom Spiel unabhängige Werte (Bild 38 a). Für die Beträge der Verschiebungen u_{xS} des Stößels ergibt sich neben dem Spiel eine ausgeprägte Abhängigkeit von der Belastung. Das nichtlineare Strukturverhalten, verursacht durch die Berühreffekte, kommt hier besonders zum Ausdruck. Während die Verschiebung u_{xS} nichtlinear von der Belastung abhängt, ergibt sich erst dann ein linearer Zusammenhang, wenn für verschiedene Belastungen gerade die Führungsspiele verwendet werden, die dieselbe Berührfläche zwischen Stößel und Führung ergeben (Kap. 5).

Betrachtet man die elastischen Verschiebungen u_{xS} und u_{xT} in Abhängigkeit von der Außermittigkeit (Bild 38 b), so ergibt sich ein nichtlinearer Zusammenhang. Dies zeigt, daß die Stelle der Krafteinleitung und nicht nur das in den Stößel eingeleitete Moment von Beduetung ist. Mit zunehmender Außermittigkeit nimmt der Anstieg der Verschiebungen u_{xS} und u_{xT} ab. Für Außermittigkeiten > 100 % nehmen die Verschiebungen u_{xT} des Tischmittelpunktes sogar absolut betrachtet ab.

6.4.2 Ergebnisse für die Presse mit Einpunktantrieb

6.4.2.1 Verschiebungsverhalten der Normalausführung

Das Rechenmodell liefert hier eine Gesamtfederzahl von C_{ges} = 2.07 MN/mm. Nach [6] wird für die Federzahl einer entsprechenden Presse ein Bereich von 1.41 ... 2.22 MN/mm angegeben, was nach Gl. 1,2 den K-Faktoren 8 ... 12.5 entspricht. Das Rechenmodell lieferte für diese Pressenkenngröße einen realistischen Wert.

Bei einem angenommenen Istspiel von S_i = 0,05 mm zwischen Stößel und Führung ergab sich bei außermittiger Belastung eine Anfangskippung von 0,05 mm/m (Bild 39). Bei der Nennlast von 3.15 MN beträgt die Stößelkippung o.52 mm/m und die Gesamtkippung, d. h. mit dem Kippungsanteil des Tisches, 0.86 mm/m. Für die Kippsteifigkeit nach Gl. 1,3 ergibt sich daraus ein realistischer Wert von $C_k \approx 0.398$ MNm/mm/m. Nach der Beziehung Gl. (1,4) leitet sich daraus ein Kippsteifebeiwert von p = 71.2 ab, falls C_k in MNmm/mm/m eingesetzt wird. Durch Messungen an ausgeführten Einpunkt-Exzenterpressen ergaben sich nach [16] Kippsteifebeiwerte von p = 60 ... 80.

Für die Verschiebungen des Stößels senkrecht zur Belastungsrichtung ergibt sich bei Nennlast ein Wert von ca. - 80 µm. Dieser Wert, der für den Mittelpunkt der Arbeitsfläche gilt, gibt die rein elastischen Verschiebungen nach dem Ausgleich des Führungsspiels wieder. Infolge des sehr kleinen Istspiels zwischen Stößel und Führung ist der in Bild 40 dargestellte Kurvenverlauf insbesondere bei kleinen Belastungen nichtlinear. Nach Erreichen einer entsprechend größeren Berührfläche der berührenden Bauteile ergibt sich für Belastungen > 1 MN ein nahezu lineares Bauteileverhalten.

Die Verschiebung des Tischmittelpunktes, der sich über der Belastung erwartungsgemäß nahezu linear verhält, erreicht bei Nennlast einen Betrag von ca. 3 µm und ist im Vergleich zur entsprechenden Stößelverschiebung vernachlässigbar. Unter Berücksichtigung des Führungsspiels ergibt sich bei Nennlast ein relativer Versatz der Arbeitsflächen von 58 µm. An einer Kniehebelpresse mit Einpunkt-Antrieb wurde in [17] ein Wert von 70 µm gemessen.

6.4.2.2 Verschiebungsverhalten bei variiertem Ständerflächenträgheitsmoment

Bei konstantgehaltener Ständerquerschnittsfläche wurde das Flächenträgheitsmoment der Ständer bezüglich der Symmetrieachse der Presse bzw. der Ständermittelachse variiert. Um die Breite des Arbeitsraumes sowie die Ständerquerschnittsfläche einhalten zu können, ergab sich für ein erhöhtes Flächenträgheitsmoment eine Verbreiterung der Gesamtkonstruktion, die eine Vergrößerung des Abstandes der Ständermittelachsen nach sich zog.

Auf das Auffederungsverhalten in Belastungsrichtung hat die Vergrößerung der Ständerflächenträgheitsmomente nur einen unbedeutenden Einfluß. Bei Nennlast ergibt sich hier bei doppeltem Flächenträgheitsmoment eine größere Auffederung um < 1 %. Die Ursache liegt in einer geringeren Durchbiegung der Seitenständer, die eine geringere Verkürzung der Ständer und damit eine größere Auffederung verursacht.

Betrachtet man das Parallelitätsverhalten der Arbeitsflächen von Tisch und Stößel bei Nennlast, so hat ein verändertes Ständerflächenträgheitsmoment insbesondere einen Einfluß auf die Stößelkippung, die aus dem elastischen Verhalten der Gesamtkonstruktion resultiert (Bild 41). Mit steigendem Flächenträgheitsmoment ergibt sich ein steiferes elastisches Verhalten senkrecht zur Belastungsrichtung, das hier eine Verminderung der Stößelkippung bewirkt. Ausgehend von der Normalausführung der Presse hat eine Verdoppelung des Ständerflächenträgheitsmomentes,bezogen auf die Ständermittelachse,eine Verminderung der Stößelkippung um ca. 23 % zur Folge (Bild 41). Eine Verdoppelung der Ständerflächenträgheitsmomente bezüglich der Symmetrieachse der Presse ergibt für dieselben Verhältnisse eine Abnahme der Stößelkippung um ca. 39 %. Eine weitere Vergrößerung der Flächenträgheitsmomente bewirkt durch den asymptotischen Verlauf der Kurve eine entsprechend geringere Verminderung der Stößelkippung. Die Tischkippung verringert sich mit steigendem Flächenträgheitsmoment nur geringfügig.

Noch stärker als auf die Stößelkippung macht sich der Einfluß der veränderten Flächenträgheitsmomente auf den Versatz des Stößelmittelpunktes in x-Richtung bemerkbar (Bild 42). Eine Verdoppelung des Ständerflächenträgheitsmomentes in bezug auf die Symmetrieachse bewirkt bei der Belastung von 3 MN eine Verminderung der elastischen Verschiebungen u_{xS} von 74 µm auf 34.5 µm. Die Verschiebungen u_{xT} des Tisches bleiben dabei praktisch konstant und sind klein im Vergleich zu den entsprechenden Stößelverschiebungen.

6.4.3 Sonderfälle; Zusammenfassung

Die rechnerische Behandlung je einer typischen Presse mit Ein- und Zweipunktantrieb ergab Pressenkennwerte, die in der Größenordnung der Werte von ausgeführten Maschinen liegen. Die Berücksichtigung der Berühreffekte wirkt sich hauptsächlich auf die Stößelkippung und den Stößelversatz senkrecht zur Belastungsrichtung aus. Zur Verbesserung dieser Pressenkennwerte trägt insbesondere die Verminderung des Spiels zwischen Stößel und Führung sowie die Erhöhung der Ständerflächenträgheitsmomente bei.

Grundsätzlich verhalten sich Pressen mit Zweipunktantrieb steifer als solche mit Einpunktantrieb. Dies läßt sich aus der vorhergehenden Untersuchung ableiten. Bestätigt wird dies durch die Berechnung an ebenen Rechenmodellen mit gleicher Geometrie, jedoch mit Ein- und Zweipunktantrieb. Bei Einpunktantrieb ergibt sich eine ungünstigere Krafteinleitung in das Querhaupt, die eine größere Durchbiegung als bei Zweipunktantrieb hervorruft. Im Gegensatz zur Zweipunkt-Presse, bei der ein in den Stößel eingeleitetes Moment auch von den Pleueln aufgenommen wird, erfolgt bei der Einpunktpresse die Aufnahme des Belastungsmoments allein durch die Stößelführungen. Die Verschiebungen des Querhauptes senkrecht zur Belastungsrichtung waren im Falle der Einpunktpresse ca. 50 % größer als bei der Presse mit Zweipunktantrieb.

Als Sonderfall seien noch die Fälle der spielfreien Führung des Stößels sowie der theoretisch exakt symmetrische Belastungsfall angeführt. Ein Führungsspiel von $S_i = 0$ kann durch die Vorgabe von sehr kleinen Werten realisiert werden. Bereits bei sehr kleinen Belastungen erreicht die Berührfläche zwischen Stößel und Führung ihr Maximum, so daß sich bei höheren Lasten ein lineares Bauteileverhalten ergibt. Der Sonderfall der exakt zentrischen Belastung ergibt bei dem hier vorliegenden symmetrischen Aufbau der Rechenmodelle ein symmetrisches Verschiebungsverhalten. Die Durchbiegung der Seitenständer sowie die Ausbauchung des Stößels bewirken, daß sich die Berührfläche nicht wie bei den Fällen exzentrischer Belastung von der Stößelkante aus entwickelt, sondern von der Stelle der halben Stößelhöhe. Dieser Fall wurde nicht näher untersucht, da in der Praxis sicher der ungünstigere Fall der exzentrischen Belastung eine größere Bedeutung hat.

Der Einfluß der Reibung auf das elastische Verschiebungsverhalten wurde vereinfachend nach Abschnitt 3.3.5 ebenfalls untersucht. Die Berücksichtigung der Reibung ergibt dabei ein geringfügig steiferes Gesamtverhalten des Pressenmodells, das praktisch vernachlässigt werden kann.

7 Untersuchung der Baugruppe Welle-Lager einer Zweiständer Exzenterpresse mit Zweipunktantrieb

Die Untersuchung der Baugruppe Welle-Lager hat wie die der Baugruppe Pleuel-Exzenterrad im Pressenbau große Bedeutung. Die extrem hohe Belastung der genannten Baugruppen führt meist zu größeren Verformungen. Kantenpressungen führen dabei oft zum Abreißen des Schmierfilms, wodurch erhöhte Verschleißgefahr besteht. Die großen Spiele verschlechtern das Bauteileverhalten zusätzlich in Form einer Herabsetzung der Federsteifigkeit.

Die rechnerische Untersuchung des Bereichs "Hauptwelle-Lager" gestaltet sich aufwendiger und komplizierter als die vorausgegangenen Untersuchungen. Um detaillierte Ergebnisse hinsichtlich des Verschiebungsverhaltens und der Spannungsverteilung zu erhalten, ist eine dreidimensionale Untersuchung erforderlich. Eine Behandlung als ebenes Problem enthält zu viele Vereinfachungen, so daß eine Beurteilung des Bauteileverhaltens fragwürdig erscheint. Die Einbeziehung der Berühreffekte in die Berechnung vergrößert zwar den Berechnungsaufwand, ist aber besonders bei dreidimensionalen Untersuchungen empfehlenswert. Das räumliche Verschiebungsverhalten ist rein a priori sehr schwer richtig zu beurteilen, da z. B. eine Verschiebung in x-Richtung sich stets in y- und z-Richtung auswirkt. Die über die Berührungsrechnung erfolgte Berechnung der tatsächlichen Berührfläche zwischen den Bauteilen Welle-Lager gibt einen Hinweis dafür, ob das Verschiebungsverhalten beider Bauteile günstig oder weniger günstig ist. Ausgehend von einer Linienberührung bzw. Punktberührung der Bauteile wird sich mit zunehmender Arbeitsbelastung eine Zunahme der Berührfläche einstellen. Als günstig könnte sich eine Konstruktion im Berührbereich dann erweisen, wenn bereits bei kleinen Lasten eine gleichmäßige Berührung auf einer möglichst großen Berührfläche vorliegt.

Die Berechnung betrifft die bereits in Kap. 6 angesprochene Presse. Es handelt sich dabei um eine Längswellenmaschine mit Zweipunktantrieb. Vom Aufbau der Konstruktion her kann die Anordnung von Welle und Hauptlager als typisch angesehen werden. Bild 43 zeigt den berechneten Ausschnitt. Die Abstützung der Welle erfolgt hier an 4 Lagern.

7.1 Berechnung der Baugruppe Welle-Lager als Detailproblem; Randbedingungen

Bei der Zweipunktpresse soll hier nur der kritische Bereich Welle-Lager untersucht werden. Die Einbeziehung der gesamten Maschine würde hier einen unvertretbar großen Mehraufwand bedeuten. Durch geschickte Wahl der Randbedingungen soll ein Bauteileverhalten erreicht werden, das dem bei der Berechnung der gesamten Maschine näherungsweise entspricht. Zunächst ist zu entscheiden, wo die Schnittstelle für den aus der Gesamtmaschine herauszutrennenden Lagerbereich zu legen ist. Da es hier um den Lagerbereich bzw. um die Fuge zwischen Welle und Lagerschale geht, ist allgemein zu empfehlen, die Schnittstelle möglichst weit weg von diesem interessierenden Bereich zu legen. Damit können entstehende Fehler der an den Schnittstellen liegenden, evtl. nur näherungsweise richtigen Randbedingungen, gemildert werden.

Da keine Rechen- oder Meßwerte hinsichtlich des Verschiebungsverhaltens vorlagen, war es hier ratsam, neben den Haupt- und den Endlagern auch die Abstützung der Lagerbleche im Querhaupt zu berücksichtigen. Die Schnittstelle zur Behandlung des Detailproblems wurde somit in die Seitenständer zwischen Tisch und Querhaupt gelegt.

7.2 Durchführung der Berechnung

7.2.1 Idealisierung der Bauteile; Belastung

Ausgehend von der realen Ausführung konnte die Erstellung des Rechenmodells mit nur geringfügigen Vereinfachungen vorgenommen werden. Die Vielzahl der im FE-Programmsystem ASKA verfügbaren Elemente macht es prinzipiell möglich, auch relativ komplizierte konstruktive Details auf ein Rechenmodell abzubilden. Allerdings wird der Berechnungsingenieur stets bestrebt sein, das Problem mit möglichst geringem Aufwand zu lösen. Konstruktive Details wie z. B. Durchbrüche in den Pressenständern, Bohrungen oder Verstrebungen und Halterungen zur Aufnahme von Aggregaten usw., die das interessierende Strukturverhalten wenig oder überhaupt nicht beeinflussen, werden hier nicht berücksichtigt. Der Aufbau des Rechenmodells kann durch Membranelemente (QUAM 8, QUAC 8, TRIM 6) für die Blechteile und durch räumliche Elemente (HEXE 27, PENTA 18) für Welle und Lagerschale beschrieben werden. Das Bild 44 zeigt das FE-Rechenmodell Welle-Lager.

Durch Anwendung der Unterstrukturtechnik wurde das gesamte Rechenmodell in 6 Unterstrukturen erfaßt. Das Frontblech mit Querblech, je zwei Haupt- und Endlagerbleche mit Lagerschale und die Welle stellten die Unterstrukturen, die über ein Hauptnetz zusammengefaßt sind, dar. Die zur xz-Ebene vorhandene Symmetrie der Konstruktion wurde ausgenützt, so daß sich die Anzahl der zu berücksichtigenden Freiheitsgrade beträchtlich reduziert. Damit kann allerdings nur mit einer Belastung gerechnet werden, die der Stößelstellung im unteren bzw. oberen Totpunkt entspricht. Eine an der realen Ausführung in Annäherung vorhandenen Symmetrie zur xy-Ebene wurde nicht ausgenützt, da die Berechnung bei exzentrischer Krafteinleitung und möglichst realen Verhältnissen zu untersuchen war.

<u>Belastung:</u>
Das Strukturverhalten ist bei Arbeitsbelastung zu ermitteln. Es wird hier von einer symmetrischen sowie von einer exzentrischen, auf den Pressenstößel im unteren Totpunkt wirkenden Belastung ausgegangen. Da der Pressenstößel sowie die Bauteile Pleuel und Exzenter nicht in die Berechnung miteinbezogen sind, erfolgt die Krafteinleitung direkt auf die Welle. Die qualitative örtliche Verteilung der Kräfte auf die Welle wurde unter Einbeziehung der Erkenntnisse von [14] als parabolisch verlaufende Flächenlast angenommen. Die Aufteilung der Pleuelkräfte bei exzentrischer Belastung wurde mit Hilfe eines ebenen Pressenmodells errechnet. Bei einer rechts außermittigen Belastung (F) mit der Kraftwirkungslinie zwischen Symmetrielinie und Pleuelachse ergab sich dabei eine Verteilung von $0.385 \cdot F$ auf das linke und $0.615 \cdot F$ auf das rechte Pleuel. Auf den Pressenstößel wirkt bei Nennlast und der definierten Außermittigkeit ein Belastungsmoment von 0.38 MNm.

7.2.2 Berührbereich Welle-Lager; Anfangsberührzustand

Als Anfangsberührzustand ergibt sich nach dem Spielausgleich rein theoretisch eine Linienberührung zwischen Welle und Lager. Dies gilt für die beiden Endlager ebenso wie für die beiden Hauptlager (Bild 44). Da jedoch die Arbeitsbelastung hauptsächlich von den Hauptlagern aufgenommen wird, soll die detaillierte Betrachtung der Berühreffekte nur hier erfolgen. Für die Endlager wird ein vorher gewählter, wahrscheinlicher Berührbereich festgelegt. Der Anfangsberührzustand ergibt sich also durch Koppelung entsprechend ausgewählter Knotenpunkte von Welle und Lager in radialer Richtung. Um der Berechnung der Berühreffekte nicht vorzugreifen, wird zwischen Welle und Hauptlager statt der Linienberührung nur eine auf der Belastungsseite angenommene Punktberührung berücksichtigt.

Der Berührbereich zwischen Welle und Lager umfaßt prinzipiell den gesamten möglichen Anlagebereich. Bei einem Spiel zwischen Welle und Lager von $S_i = 0$ mm wäre dieser Fall gegeben. Bei Angabe der Belastungsrichtung und unter der Annahme eines aus der Fertigungstoleranz entstandenen Spiels kann ein wahrscheinlicher Berührbereich angegeben werden. Ausgehend von der Punktberührung wird für die Berechnung der Berühreffekte ein Bereich von 60° in Umfangsrichtung auf der gesamten Lagerbreite angenommen. In diesem Bereich befinden sich bei beiden Bereichen Welle/Lager 100 Knotenpunkte. Damit wird das Berührproblem beträchtlich reduziert.

7.3 Ergebnisse

7.3.1 Berühreffekte zwischen Welle und Lager

Um das gesamte Bauteileverhalten zu berechnen, sind zunächst die Vorgänge in der Berührzone zu analysieren. Im folgenden wird ein symmetrischer und ein asymmetrischer Lastfall berücksichtigt. Bild 45 zeigt die Entwicklung der Berührfläche bei verschiedenen Lastfaktoren und einem Istspiel von $S_i = 0{,}35$ mm. Bei dem symmetrischen, wie auch beim asymmetrischen Fall ergibt sich zunächst aus der Punktberührung eine Linienberührung. Durch

Erhöhung der Belastung auf den Lastfaktor $q_1 = 0,25$ entsteht bereits eine Berührfläche zwischen Welle und Lager, die sich bei dem rechten und linken Hauptlager nahezu gleich ausbildet. Bei dem Lastfaktor $q_2 = 0,5$ erfolgt bei dem symmetrischen Lastfall rechts und links eine verhältnismäßig gleiche Zunahme der Berührfläche. Eine weitere Belastungserhöhung führt zu einer ständig zunehmenden Berührfläche. Die Berührfläche des linken und des rechten Hauptlagers entwickelt sich nicht exakt symmetrisch, da die Gesamtkonstruktion nicht symmetrisch aufgebaut ist.

Bei dem asymmetrischen Lastfall ergibt sich bei zunehmender Belastung ein verändertes Berührflächenverhalten. Die mit steigenden Lastfaktoren zunehmende Berührfläche vergrößert sich beim rechten Hauptlager nicht entlang der gesamten Lagerbreite. Durch Ablösungen von Knotenpunktpaaren entsteht im rechten Hauptlager vielmehr eine geringere Berührfläche, die eine größere Flächenpressung erwarten läßt. Auch bei Erhöhung der Belastung bis zur zweifachen Nennlast ($q_6 = 2,0$) erfolgt keine Anlage des rechten Hauptlagers entlang der gesamten Lagerbreite.

Bei beiden untersuchten Fällen besteht die Möglichkeit, daß der in der Berechnung berücksichtigte Berührbereich bei Arbeitsbelastungen $> 2 \cdot F_N$ überschritten wird. Da insbesondere die Verhältnisse bei Nennlast interessant sind, zeigt sich hier, daß der gewählte Berührbereich für die Berechnung gut abgeschätzt war.

In Bild 46 ist die Berührflächenausbreitung für den symmetrischen Lastfall über der Belastung aufgetragen. Die tatsächliche, berechnete Berührfläche ist dabei auf 1/4 der Lagerfläche bezogen. Die Ergebnisse der Berechnungen sind für das Istspiel $S_i = 0,175$ mm und $S_i = 0,35$ mm sowie für das Hauptlager links und rechts getrennt aufgetragen. Aus der Darstellung geht eine mit steigender Belastung stets zunehmende Berührfläche hervor. Bei entsprechenden Belastungen ergibt sich, wie bereits erwähnt, im rechten Hauptlager stets eine kleinere Berührfläche als im linken Hauptlager. Im Falle des kleineren Spiels ist die relative Berührfläche stets größer als bei dem größeren Spiel. Bei halber Nennlast ist die Berührfläche bei $S_i = 0{,}175$ mm um ≈ 33 % größer als bei $S_i = 0{,}35$ mm. Bei Nennlast ergibt sich ein Unterschied von ≈ 14 %. Dies gilt in Annäherung für das linke und das rechte Hauptlager.

In Bild 47 sind dieselben Verhältnisse für den asymmetrischen Lastfall dargestellt. Mit steigender Belastung ist im rechten Hauptlager bei $F_N/8 < F < F_N/2$, zum Teil eine Abnahme der Berührfläche festzustellen. Im Vergleich zum symmetrischen Lastfall ergeben sich größere Unterschiede zwischen der Berührflächenausbildung des linken und des rechten Hauptlagers. Bezogen auf die Verhältnisse des rechten Hauptlagers ergibt sich beim linken Hauptlager eine um ≈ 26 % größere Berührfläche bei Nennlast. Das im asymmetrischen Fall der größeren Last zugewandte rechte Hauptlager erreicht bei Nennlast und einem Spiel von 0,35 mm eine relative Berührfläche von 0,3 im Gegensatz zum symmetrischen Fall, wo sich eine relative Berührfläche von 0,37 ergibt.

Aus dem Verschiebungsverhalten der Gesamtkonstruktion wird im folgenden insbesondere deutlich, weshalb es im Fall der asymmetrischen Belastung zu dem gezeigten Berührverhalten kommt. Im Anschluß daran ist zu untersuchen, wie sich die Berührverhältnisse auf die Spannungsverteilung, besonders im Hauptlager, auswirken.

7.3.2 Verschiebungsverhalten bei symmetrischer und exzentrischer Arbeitsbelastung

Bei symmetrischer Arbeitsbelastung ergibt sich ein nahezu symmetrisches Verformungsverhalten. Wie bereits bei der Betrachtung der Berührfläche deutlich wurde, handelt es sich dabei um Abweichungen der konstruktiven Ausführung von der Symmetrie. Bild 48 zeigt eine im Hauptlagerbereich wenig durchgebogene, steife Welle. Dies erklärt die relativ gleichmäßige Anlage der Welle an den Hauptlagern. Im Bereich der Krafteinleitung durch die Exzenter bis hin zu den Endlagern ergibt sich eine starke Durchbiegung der abgesetzten Welle. Das Auffederungsverhalten der berechneten Baugruppe in Belastungsrichtung ist fast ausschließlich durch die Durchbiegung des Querhauptes gegeben. Die Längung der Seitenständer spielt dabei eine relativ geringe Rolle. Bei Nennlast beträgt die Auffederung der Baugruppe Welle/ Lager nach dem Spielausgleich ≈ 0,4 mm. Bei dem ebenfalls dargestellten exzentrischen Lastfall ist mit einer Vergrößerung der genannten Auffederung um 15 % zu rechnen. Zugleich wird aus dieser Darstellung deutlich, daß es weder beim symmetrischen noch beim exzentrischen Lastfall zu Durchdringungen zwischen Lagerschale und Welle auf der dem angenommenen Berührbereich gegenüberliegenden Seite kommt. Dies gilt für die Hauptlager wie auch für die Endlager. Der in der Berechnung berücksichtigte Berührbereich erweist sich auch hier als sinnvoll.

Die Durchbiegung des Querhauptes bringt eine Schrägstellung besonders der Hauptlagerbleche mit sich. Dadurch ergibt sich ein Kanten zwischen Welle und Lager. Bei asymmetrischer Belastung wird dies besonders im rechten Hauptlager deutlich. Durch Verkleinerung der Berührfläche ist hier mit erhöhter Kantenpressung zu rechnen.

Da die für diese Berechnung gewählten Randbedingungen (Abschnitt 7.2.1) nicht exakt denen der realen Ausführung entsprechen, ist mit einer Verfälschung der Ergebnisse zu rechnen. Dadurch, daß der Stößel nicht berücksichtigt wurde, war eine freie Durchbiegung der Seitenständer in den Arbeitsraum möglich. Vergleichsrechnungen zeigten, daß sich bei der Berücksichtigung des Stößels im ebenen Modell um ca. 5 % und beim räumlichen Modell durch Unterdrückung der Ständerdurchbiegung in halber Ständerhöhe um ebenfalls 5 % geringere Auffederungen infolge der Querhauptdurchbiegung ergaben.

Die elastischen Verformungen des Hauptlagerbleches sind in Bild 49 bei Nennlast und einem Istspiel von S_i = 0,175 mm für den symmetrischen Lastfall dargestellt. Das Hauptlagerblech stellt wie die Aufnahmebleche der Endlager die Querverrippung des kastenförmigen Querhauptes dar. Räumlich gesehen bewirken die Verformungen des Hauptlagerbleches ein Ausbauchen des Querhauptes oberhalb der Wellenachse und ein Einziehen unterhalb davon. Die Veränderung des Istspiels auf S_i = 0,35 mm wirkte sich auf das Verformungsverhalten des Hauptlagerbleches nur geringfügig aus. Größere Unterschiede ergeben sich aber dann, wenn die Berühreffekte zwischen Welle und Lager unbeachtet bleiben und nur eine Linienberührung zwischen Welle und Lager angenommen wird. Im Bereich der Krafteinleitung bewirkt dies eine unrealistische Verformung, die in abgeschwächter Form auch noch am Rande des Hauptlagerbleches zum Ausdruck kommt. Mit zunehmender Entfernung von der Stelle der Krafteinleitung ist der Einfluß der Linienlast im Vergleich zur errechneten Flächenlast zu vernachlässigen.

Ebenfalls für den symmetrischen Lastfall sind die Verschiebungen der Lagerschale in Bild 50 über der Belastung aufgetragen. Es ergibt sich über der Belastung ein geringfügig nichtlineares Verschiebungsverhalten. Für beide untersuchte Spiele ergaben sich vernachlässigbare Unterschiede. Durch die Schrägstellung der Lagerbereiche infolge der Querhauptdurchbiegung zeigt der Punkt 4 größere Verschiebungen in Belastungsrichtung als Punkt 1. Der Anteil der elastischen Auffederung der untersuchten Einheit an der Gesamtfederung der Presse beträgt in Belastungsrichtung $\approx$ 0,45 mm bei Nennlast. Dieser Größe wurde der Ausgangsberührzustand zugrunde gelegt. Bei Berücksichtigung des Spielausgleichs muß das vorhandene Istspiel S_i hinzuaddiert werden.

7.3.3 Spannungsverteilung in der Fuge und in der Lagerschale

Im Falle der symmetrischen Belastung zeigte sich bei beiden Hauptlagern annähernd derselbe Druckspannungsverlauf σ_r zwischen Welle und Lager. Bild 51 zeigt die Druckspannung σ_r in Abhängigkeit von dem Lastfaktor q_i bei einem Istspiel von S_i = 0,35 mm. Bei Nennlast (q_4 = 1,0) ergibt sich dabei eine maximale Spannung σ_r von 68,7 N/mm². Die konventionelle Berechnung des konstanten Lagerdruckes liefert dabei 26,4 N/mm². Über der Lagerbreite zeigt der Spannungsverlauf besonders bei höheren Lasten deutlich den Einfluß der Kantenpressung. Die Abstützung der Lagerschale durch das Hauptlagerblech an der Stelle der Lagerkante erweist sich als sinnvoll und trägt zu einer verhältnismäßig konstanten Spannungsverteilung σ_r über der Lagerabstützung bei. Durch Überstehenlassen der Lagerschale über das Abstützblech hinaus könnte die Druckspannung gesenkt und somit eine Verminderung der Kantenpressung erreicht werden. Der Spannungsabfall über der Lagerbreite auf den Wert ≈ 4 N/mm² hat seine Ursache in der Durchbiegung des Querhauptes und der damit bedingten Schrägstellung des Lagers. Eine breitere Lagerschale könnte in diesem Falle nur unwesentlich zu einer Verminderung der Spannung σ_r beitragen. Die steifere Gestaltung des Querhauptes könnte hier wesentlich stärker dazu beitragen, die Druckverteilung über der Lagerbreite günstiger zu gestalten.

Im Falle des veränderten Istspiels, wie auch bei dem exzentrischen Lastfall ergeben sich qualitativ vergleichbare Spannungsverteilungen. Das Abheben von Lagerschale und Welle bewirkt jedoch im exzentrischen Lastfall einen Druckspannungsabfall über der Lagerbreite auf den Wert $\sigma_r = 0$.

Der Vergleich der Spannungen σ_r entlang der Lagerkante ist aus Bild 52 ersichtlich. Bei Lastfaktoren $q < 0{,}5$ liegt das Druckspannungsmaximum bei 0°. Bei größeren Lastfaktoren stellt sich die größte Druckspannung unter 30° ein. Hier ist allerdings der Einfluß der Elementeinteilung zu berücksichtigen. Betrachtet man das Spannungsmaximum bei Lastfaktor $q = 2$, so ergibt sich bei vergrößertem Spiel (von $S_i = 0{,}175$ mm auf $S_i = 0{,}35$ mm) eine Erhöhung der Spannung um ≈ 5 %. Für denselben Fall ergibt sich bei dem dargestellten asymmetrischen Lastfall eine weitere Spannungserhöhung um ≈ 20 %.

Der Spannungsverlauf von ausgewählten Punkten der Lagerschale über der Belastung geht aus Bild 53 hervor. Die Auswirkungen der über der Belastung zunehmenden Berührfläche kommen in den hier dargestellten Spannungen σ_x zum Ausdruck. Die mit zunehmender Belastung ab $F > 500$ kN abnehmende Spannung σ_x am Punkt 3 resultiert aus der Schrägstellung des Lagers. Eine Folge davon ist die erhöhte Kantenpressung nach Spannungsverlauf 1. Bei größerem Spiel S_i ergibt sich in allen betrachteten Punkten stets eine größere Druckspannung infolge der kleineren Berührfläche.

7.3.4 Spannungsverteilung im Querhaupt

Durch die Welle wird die Arbeitsbelastung auf die Lager übertragen. Die Aufnahme der Belastung durch die Lagerbleche sowie die Frontbleche bewirkt ein Durchbiegen des Querhauptes. Im Frontblech ergeben sich Biegespannungen, die bei Nennlast an der Oberkante des Querhauptes 30 N/mm² und an der Unterkante - 30 N/mm² erreichen. Hinsichtlich der Größe der Spannungen ist hier besonders das Hauptlagerblech zu erwähnen. Während sich in den Endlagern an der Stelle der Krafteinleitung bei Nennlast Druckspannungen von σ_x = 16,5 N/mm² ergeben, sind die Spannungen an den Hauptlagerblechen um den Faktor ≈ 3 größer. Bild 54 zeigt die Linien konstanter Spannung σ_x bei Nennlast. Die dargestellten Ergebnisse sind von dem Spiel zwischen Welle und Lager nahezu unabhängig. Die größte Druckspannung am Übergang Lagerschale /Lagerblech beträgt-53,4 N/mm². Falls ohne die Berücksichtigung der Berührproblematik gerechnet wird, d. h. mit Linienberührung zwischen Welle und Lager, ergibt sich eine um den Faktor 2,14 größere Druckspannung. Durch die Verformung des Hauptlagerbleches (Bild 49) ergibt sich an der oberen Kante eine Zugspannung in y-Richtung von 70 N/mm² (Bild 54). Im Anschlußbereich Lagerblech /Lagerschale steigen die Druckspannungen σ_y bis - 144,7 N/mm² an. Hier ist zu erwähnen, daß die Konstruktion nach oben hin offen ist (Bild 44) und dadurch eine entsprechend größere Ausbauchung des Querhauptes ermöglicht. Im Hinblick auf die Elementwahl bei der Erstellung des Rechenmodells ist festzustellen, daß Membranelemente keine Belastungen senkrecht zur Elementebene aufnehmen können. Bei der realen Ausführung des Querhauptes ist deshalb mit kleineren Ausbauchungen und deshalb ebenfalls kleineren Spannungen σ_y zu rechnen.

8 Aufbereitungs- und Rechenzeit

Bekanntermaßen ist zur Erstellung eines FE-Programmes, d. h. im wesentlichen zur Entwicklung des Rechenmodells ein großer Zeitaufwand erforderlich. Durch neuere Entwicklungen von FE-Programmsystemen [45] sowie speziell entwickelten Netzgeneratoren [46] wird versucht, den Aufbereitungsaufwand, der ein Mehrfaches der reinen Rechenkosten verursacht, zu senken. Da umfangreiche eigene Programmentwicklungen oft nicht möglich und entsprechende Netzgeneratoren nicht zugänglich sind, bleibt nur der hier beschriebene Weg, durch Zusatzprogrammen mit relativ geringem Aufwand die vorhandenen FE-Programme benutzerfreundlicher zu gestalten. Der Aufbau einer Programmbibliothek hilft dabei zusätzlich, Aufbereitungszeiten zu senken.

Anhaltswerte für die erforderlichen Aufbereitungszeiten sollen für zwei sehr unterschiedliche, hier behandelte Probleme angegeben werden. Für die Erstellung und den Test des ebenen Pressenmodells in Kapitel 5 ist mit ca. 0,5 und für das Rechenmodell Welle-Lager (Bild 44) ist mit ca. 2 Mannmonaten zu rechnen. Vorausgesetzt wird hier ein eingearbeiteter Bearbeiter, der einmal täglich auf der DV-Anlage rechnen kann. Durch Anwendung von interaktiven Bildschirmen läßt sich die Prüfung des Rechenmodells beschleunigen und die Aufbereitungszeit weiter senken.

Die Rechenzeit (t) soll ebenfalls nur beispielhaft für einige Berechnungen angegeben werden, die an der Rechenanlage des Rechenzentrums der Universität Stuttgart (CDC 6600, CYBER) durchgeführt wurden. Die Durchführung einer FE-Berechnung betrug für die Bauteile Pleuel-Exzenterrad (Kapitel 4) $\approx$450 s, für das ebene Pressenmodell (Kap. 5 und 6) $\approx$ 200 s und für die Baugruppe Welle-Lager (Kap. 7)$\approx$1200 s. Nach der beschriebenen Vorgehensweise zur Berücksichtigung der Berühreffekte von angrenzenden Bauteilen entsprechen die Zeitangaben einer Berechnung mit dem FE-Nachprogramm. Neben den Strukturverschiebungen werden hier die Knotenpunktsspannungen und die Reaktionskräfte berechnet. In Abhängigkeit von den angegebenen Rechenzeiten sollen alle weiteren Zeitangaben erfolgen.

Durch die Einbeziehung der Berühreffekte in die FE-Berechnung erhöht sich die notwendige Rechenzeit. Das Vorprogramm benötigt dabei ca. 7 % weniger Rechenzeit als das Nachprogramm. Für die Baugruppe Welle-Lager ergibt sich damit eine Rechenzeit für FE-Vor- und -Nachprogramm von 2 364 s. Hinzu kommt die Rechenzeit für die Berührungsrechnung, die im Vergleich zu der des jeweiligen FE-Programms sehr gering ist. Die Berechnung der Berühreffekte benötigt für die Baugruppe Welle-Lager ca. 60 s reine Rechenzeit.

Werden die Berechnungen im Vorprogramm wegen der Übersichtlichkeit der weiterzuverarbeitenden Daten in zwei getrennte FE-Berechnungen aufgespalten, so erhöht sich die Rechenzeit entsprechend. Die für diesen Fall benötigte Rechenzeit zur vollständigen Berechnung von berührenden Bauteilen ist in Bild 55 über der Anzahl der Knotenpunktpaare im Berührbereich dargestellt. Für mehr als zwei Knotenpunktpaare im Berührbereich ergibt sich nur eine gering ansteigende Rechenzeit, die ungefähr der von drei FE-Berechnungen bei gegebener Bauteilekombination entspricht. Bei der Vorgehensweise nach [14] wird für jede Koppelung eine neue FE-Berechnung benötigt. Der dargestellte lineare Verlauf der benötigten Rechenzeit nach [14] beinhaltet dabei noch nicht die manuellen Zwischenrechnungen, die zusätzlich benötigt werden. Da für die Zwischenrechnungen stets die Ergebnisse der vorausgehenden FE-Berechnung vorhanden sein müssen, ergeben sich bei umfangreichen Berechnungen oft zusätzlich, im Gegensatz zur oben angeführten Berührungsrechnung, Wartezeiten von mehreren Tagen.

Zu den angegebenen Rechenzeiten kommen noch die Ein- und Ausgabezeiten, die bei dem FE-Nachprogramm ca. das 1,5fache und bei dem FE-Vorprogramm das 2,5fache der reinen Rechenzeit betragen. Die Ein- und Ausgabezeit bei der Berechnung der Berühreffekte mit Hilfe des erstellten Zusatzprogrammes beträgt bei der Benützung von Magnetbändern als Datenspeicher ca. das 50fache der hierfür benötigten Rechenzeit.

9 Zusammenfassung

Die Zielsetzung dieser Arbeit bestand in der Berechnung von Berühr- und Detailproblemen an weggebundenen Zweiständerpressen.

Zur rechnerischen Berücksichtigung der Berühreffekte zwischen angrenzenden Bauteilen wurde ein benutzerfreundliches Rechnerprogramm entwickelt, das sich in den Berechnungsgang einer FE-Berechnung einfügen läßt. Testrechnungen an verschiedenen Beispielen haben die Vorgehensweise verdeutlicht und im Falle der Überprüfung mit den Hertzschen Formeln eine gute Übereinstimmung ergeben. Die Berücksichtigung der Berühreffekte war auch bei den Problemen Pleuel-Exzenterrad, Stößel-Führung und Welle-Lager, die z. T. als Detailprobleme behandelt wurden, von großer Bedeutung, um ein realistisches Bauteileverhalten zu erreichen. In Abhängigkeit von der Belastung ergibt sich ein nichtlineares Bauteileverhalten.

Die Untersuchung eines Pressenrahmens mit Stößel ergab hier die Möglichkeit, auch die Auswirkungen der Klemmkräfte zwischen Stößel und Führung bei exzentrischer Arbeitsbelastung zu analysieren. Es zeigte sich, daß es nur durch die Einbeziehung der Berühreffekte in die gesamte FE-Berechnung möglich war, realistische Pressenkennwerte zu errechnen. Eine große Rolle spielte hierbei das elastische Verhalten der Arbeitsflächen senkrecht zur Belastungsrichtung, das sich direkt auf das Parallelitätsverhalten und den Mittenversatz auswirkt. Der Aufbau eines Programmoduls gestattete dabei in besonders einfacher und wirtschaftlicher Weise die Berechnung einer Presse mit Ein- und Zweipunktantrieb, wobei zusätzlich verschiedene Parameter variiert wurden. Für vermindertes Spiel zwischen Stößel und Führung sowie bei Erhöhung der Ständerflächenträgheitsmomente wurde die erreichte Steifigkeitserhöhung der Gesamtkonstruktion dargestellt.

An einer typischen Ausführung einer Zweiständerpresse mit Längswellenantrieb wurde das Detailproblem Welle-Lager behandelt. Insbesondere großes Lagerspiel sowie exzentrische Krafteinleitung bewirken ein ungünstiges Kanten zwischen Welle und Lager.

Aus dem dargestellten Verformungsverhalten ergeben sich für den Konstrukteur Hinweise, wie eine gezielte Verbesserung der Konstruktion erfolgen kann. Zusätzlich zeigt sich hier, daß eine Begrenzung der Belastbarkeit der Presse in Abhängigkeit von der Außermittigkeit des Kraftangriffs sinnvoll erscheint, um gegebenenfalls einen erhöhten Verschleiß in den Lagern in erträglichen Grenzen zu halten.

An den hier behandelten Problemen wurde deutlich, daß bei der Berechnung mit Hilfe der Methode der Finiten Elemente aus Gründen der Wirtschaftlichkeit eine Reduzierung des Problems angestrebt werden sollte. Dies kann im einfachsten Falle über die Ausnutzung gegebener Symmetrieverhältnisse erfolgen. Durch die Behandlung als Detailproblem läßt sich eine weitere Vereinfachung der Problemstellung erreichen, die in den meisten Fällen eine genügend genaue Lösung ermöglicht. Eine weitere Erhöhung der Wirtschaftlichkeit läßt sich dadurch erreichen, daß der Anwender von großen, allgemeinen FE-Programmsystemen zusätzliche problemspezifische Prozessoren erstellt. Dadurch können der Aufbereitungsaufwand bei der Datenerstellung vermindert und die Ergebnisse problemorientiert aufbereitet werden.

10 Bildteil

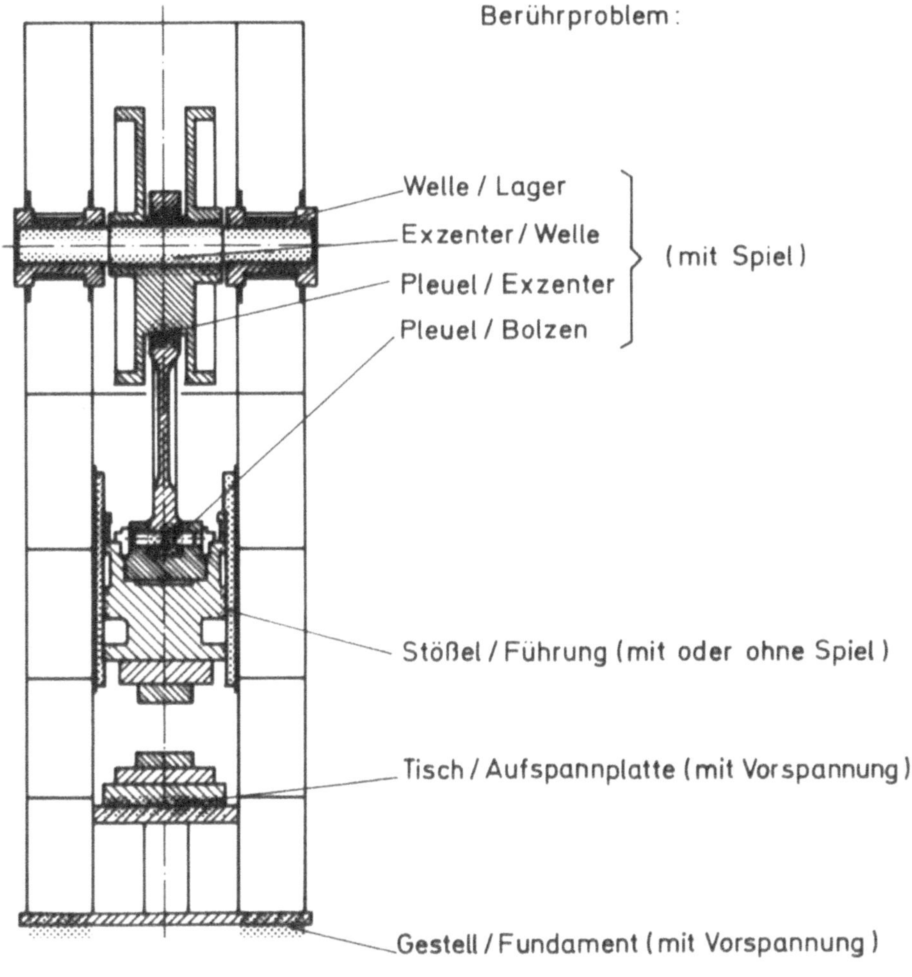

Bild 1: Schematisch dargestellte Zweiständer-Kurbelpresse mit Einpunktantrieb unter Berücksichtigung der Berührbereiche.

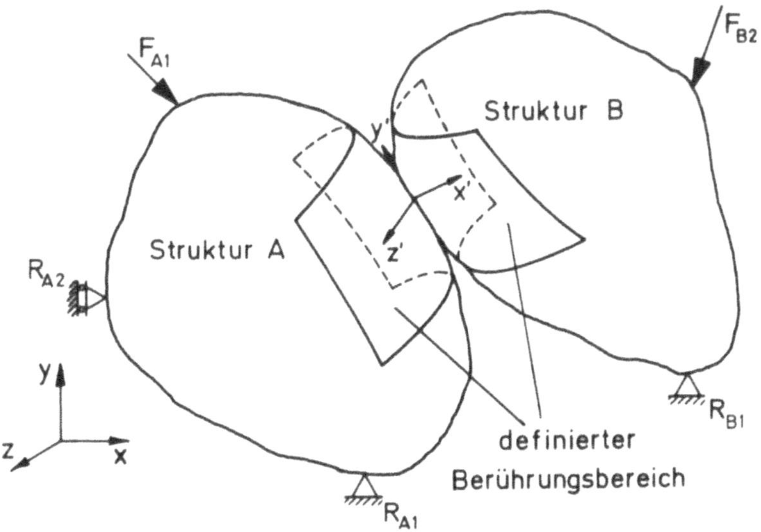

Bild 2: Struktur A und B im Anfangsberührzustand.

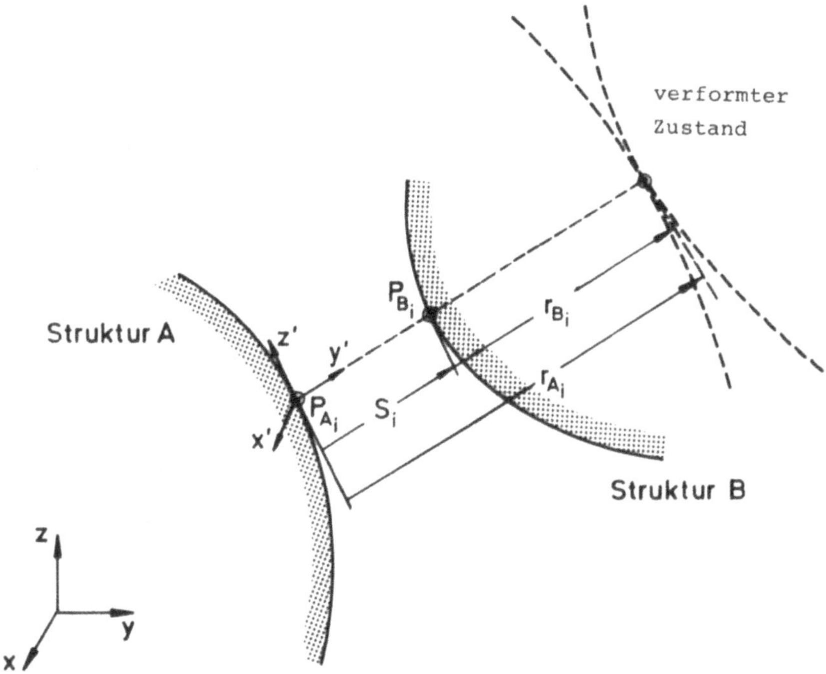

Bild 3: Verschiebungen der Strukturen A und B bis zur Punktberührung.

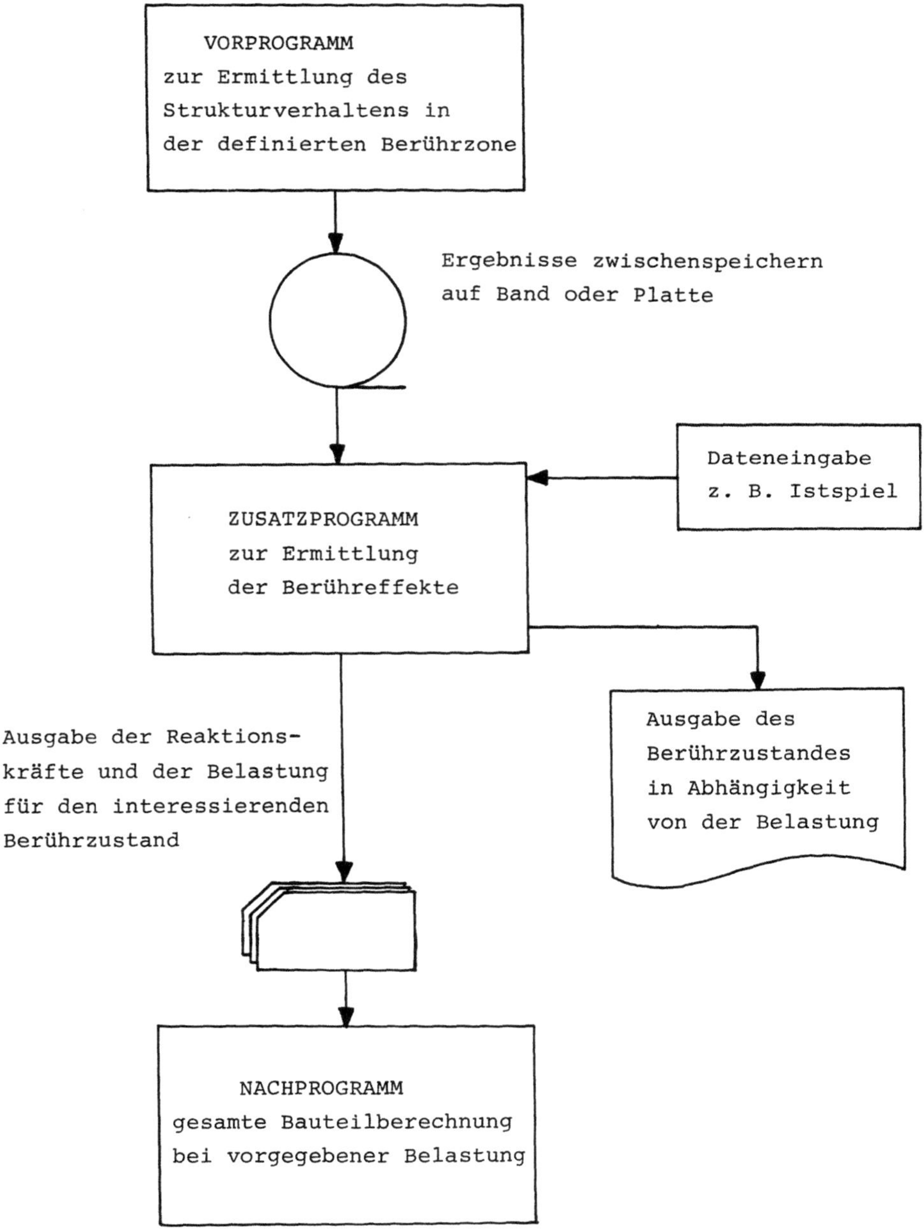

Bild 4: Vereinfachter Datenflußplan zur Berechnung von Berührproblemen.

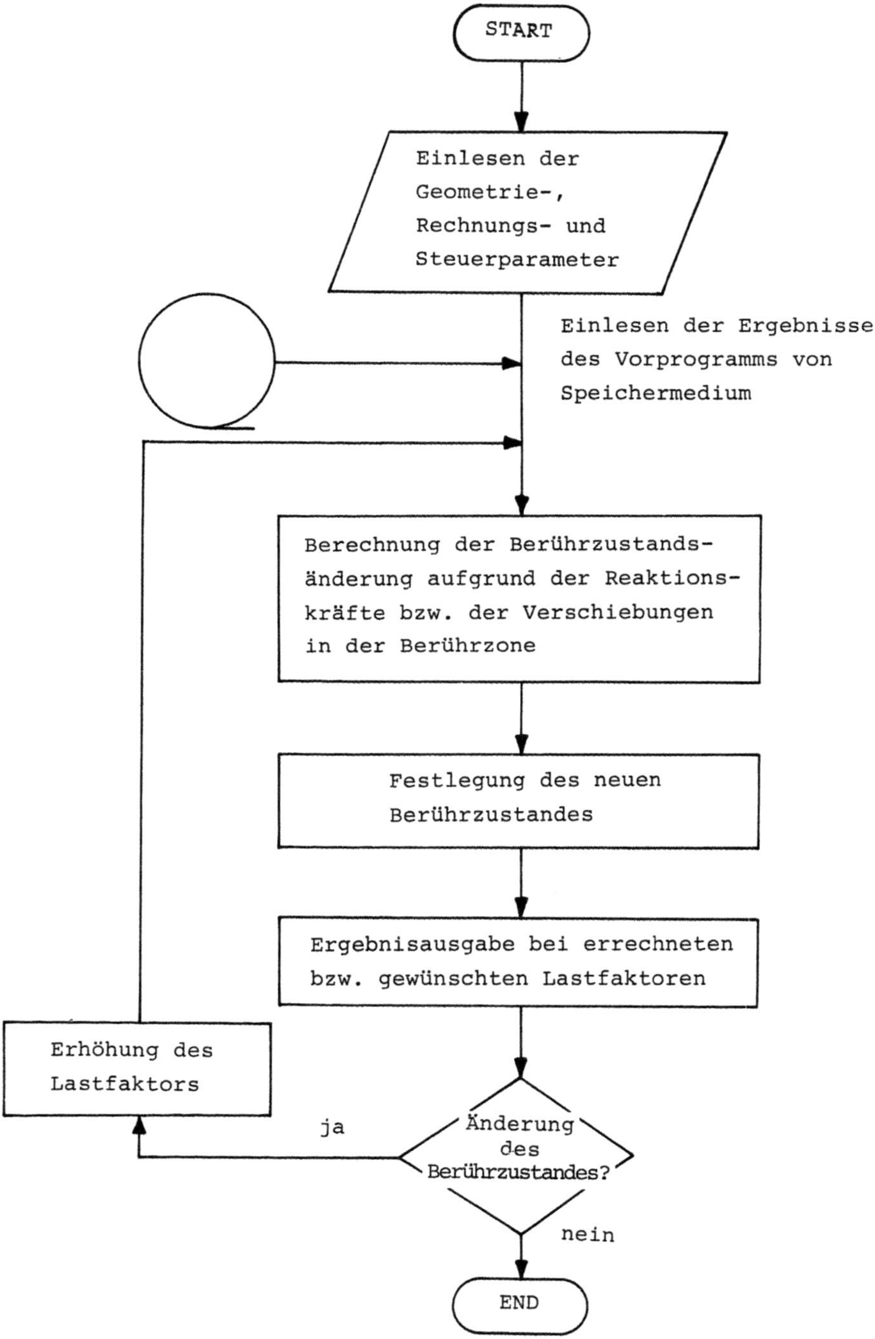

Bild 5: Vereinfachtes Flußdiagramm zur Berechnung der Berühreffekte.

a)

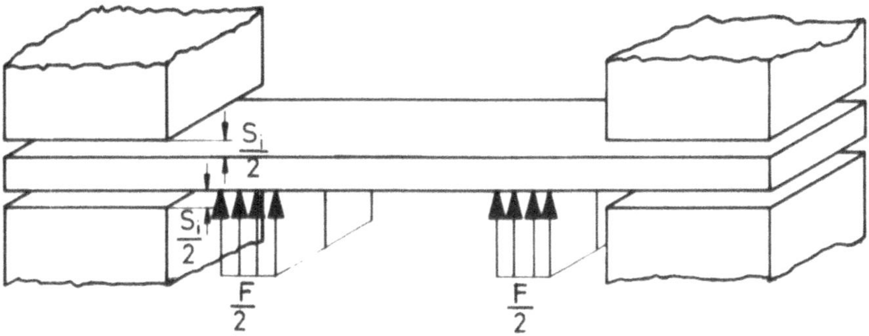

b)

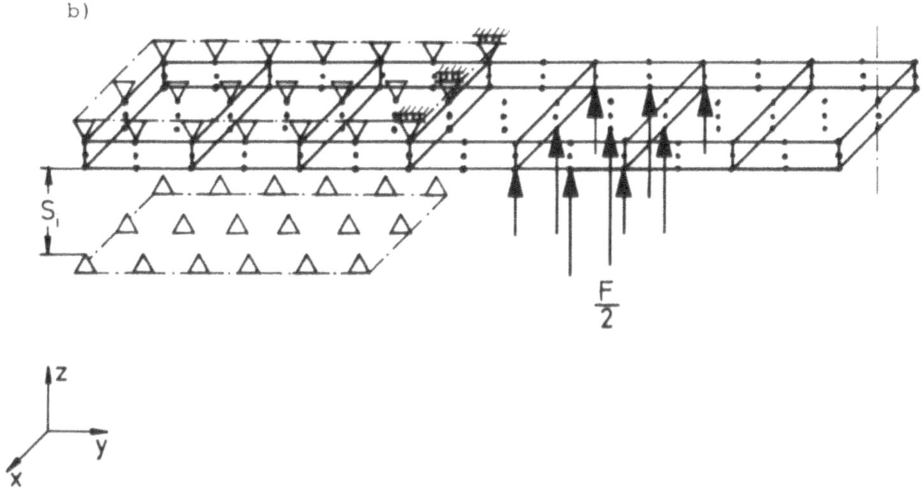

Bild 6: Berührproblem: Balken mit starren Auflagern

a) reale Struktur

b) idealisierte Struktur im Anfangsberührzustand

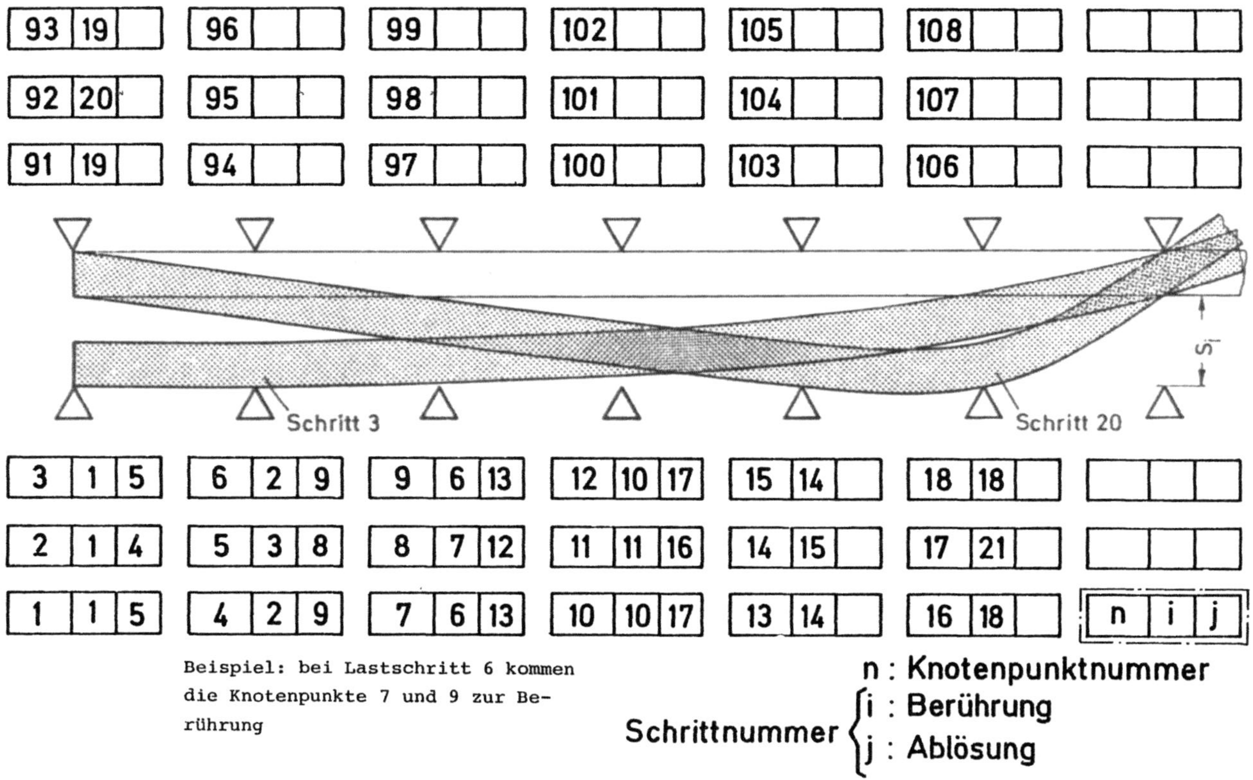

Bild 7: Berührzustände bei steigender äußerer Belastung (Spiel S_i = 0,02 mm).

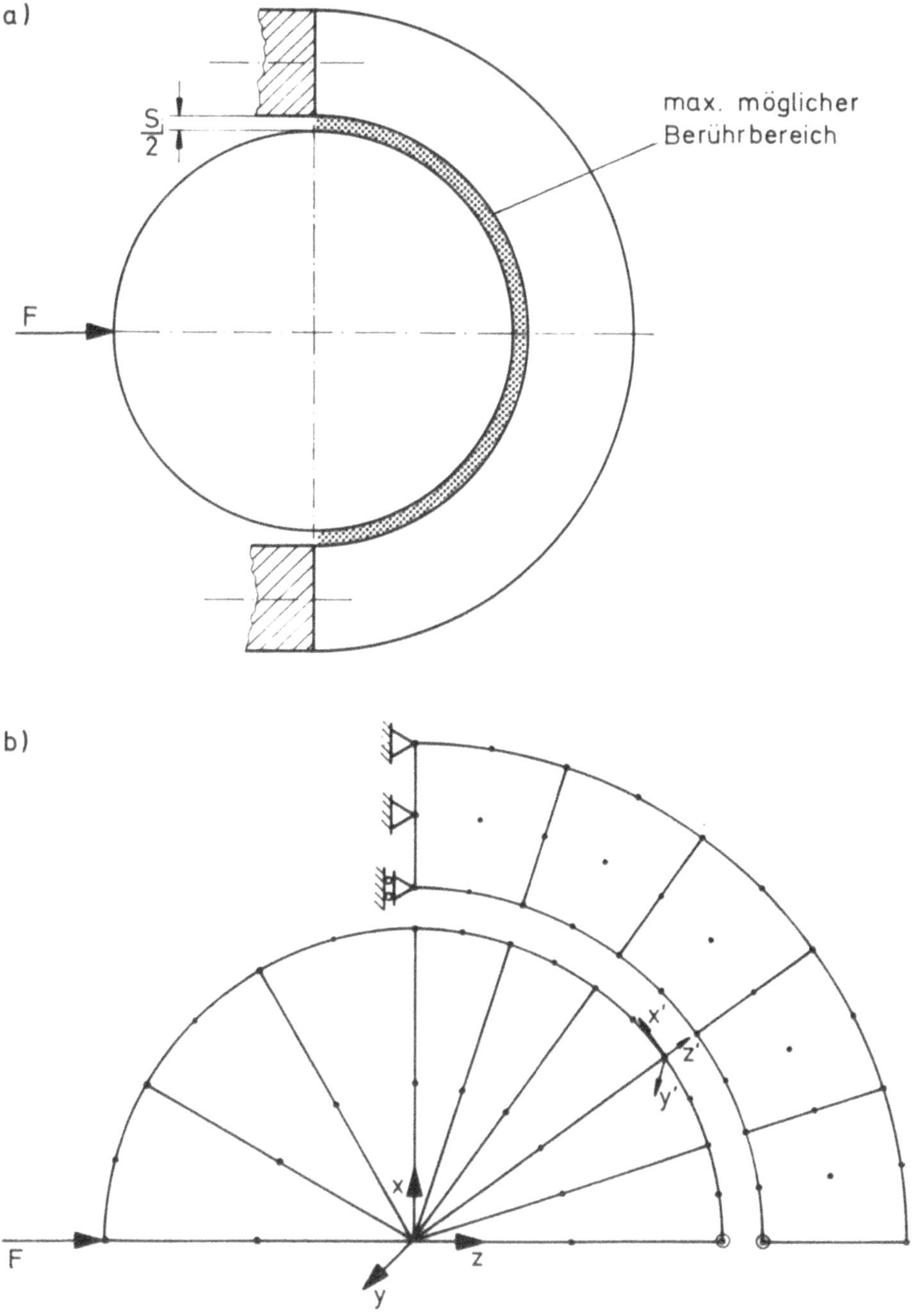

Bild 8: Berührproblem: Pleuel mit elastischer Welle
a) reale Struktur
b) idealisierte Struktur (Anfangsberührzustand ⊙, F = 0).

a)

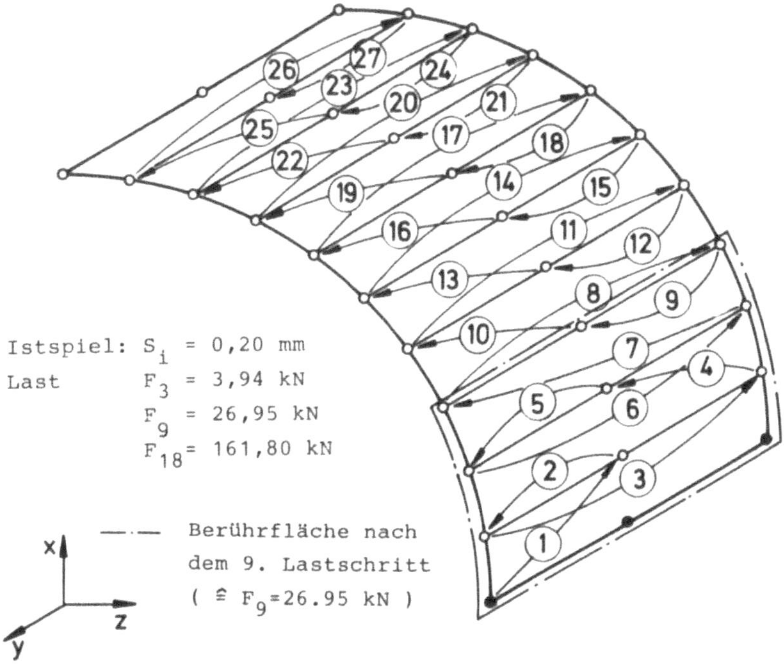

b)

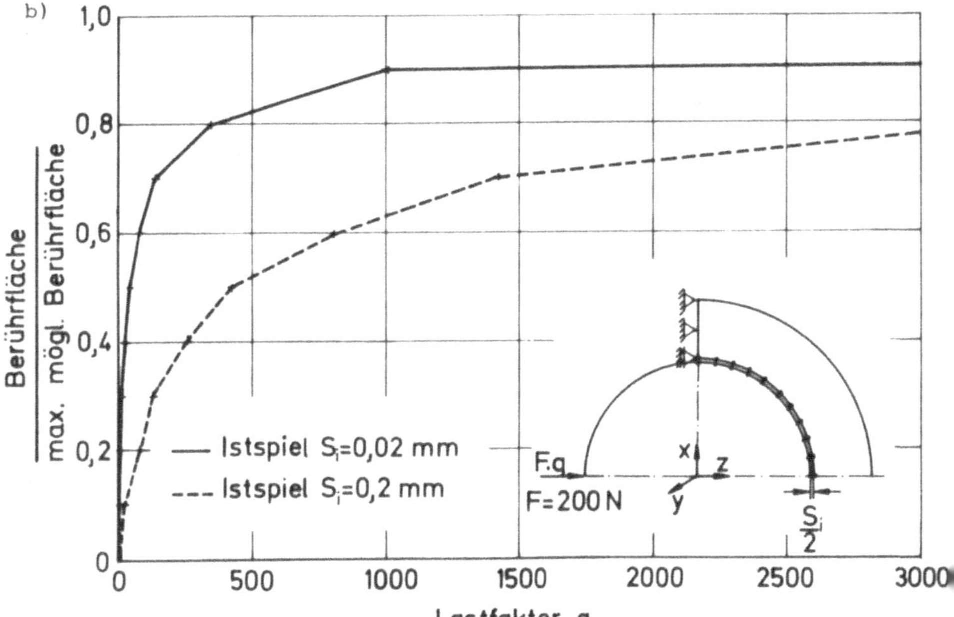

Bild 9: Berührflächenausbreitung zwischen Pleuel und Welle

a) detaillierte Darstellung der Berührung von Knotenpunktspaaren (ⓘ→ i ≙ i-tem Lastschritt für hinzugekommenen Berührpunkt)

b) Darstellung in der Ebene bei variiertem Istspiel.

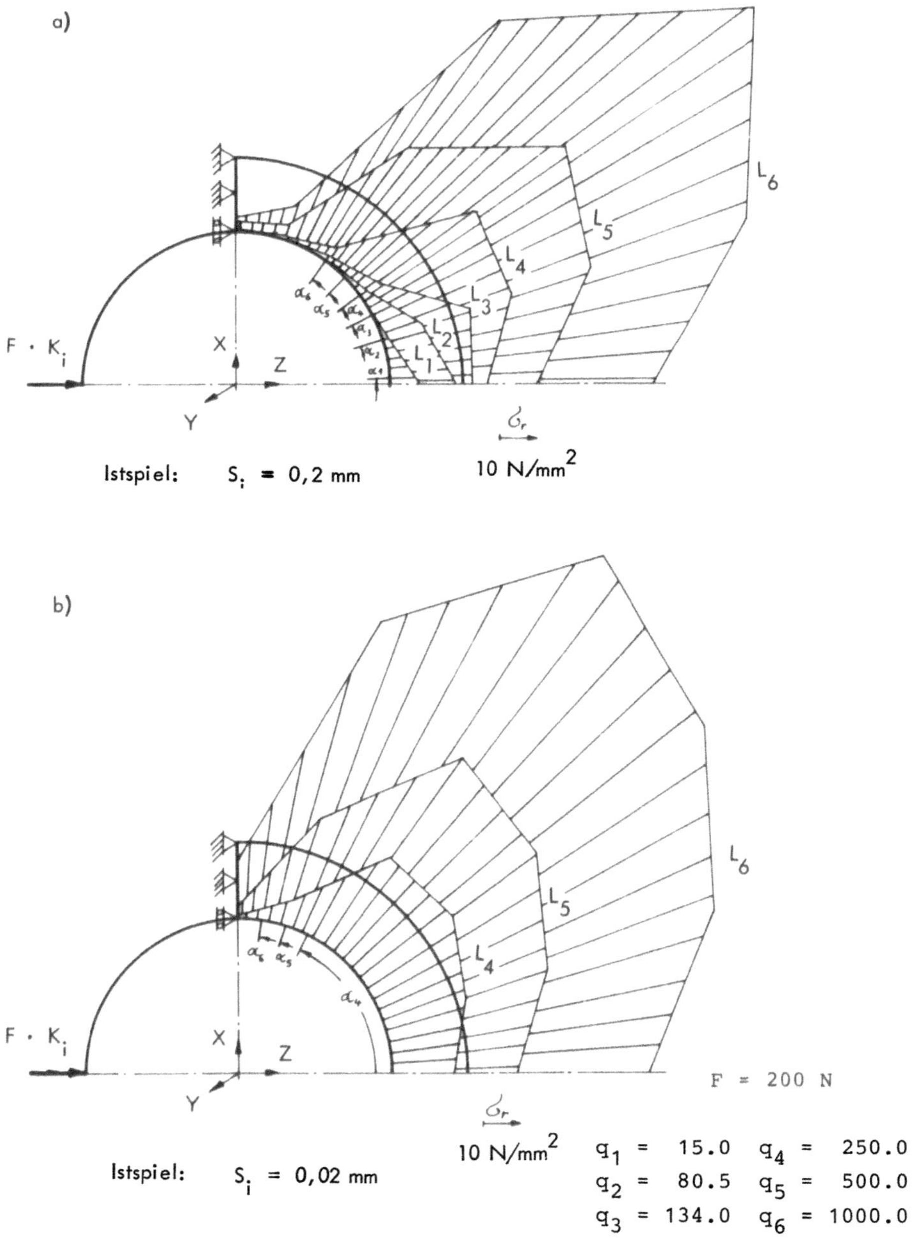

Bild 10: Berechnete Druckverteilung zwischen Pleuel und Welle bei einem Istspiel
von a) S_i = 0,20 mm (für 6 Lastfälle)
b) S_i = 0,02 mm (für 3 Lastfälle)
(Winkel α_i bestimmt die Berührfläche für Lastfall L_i).

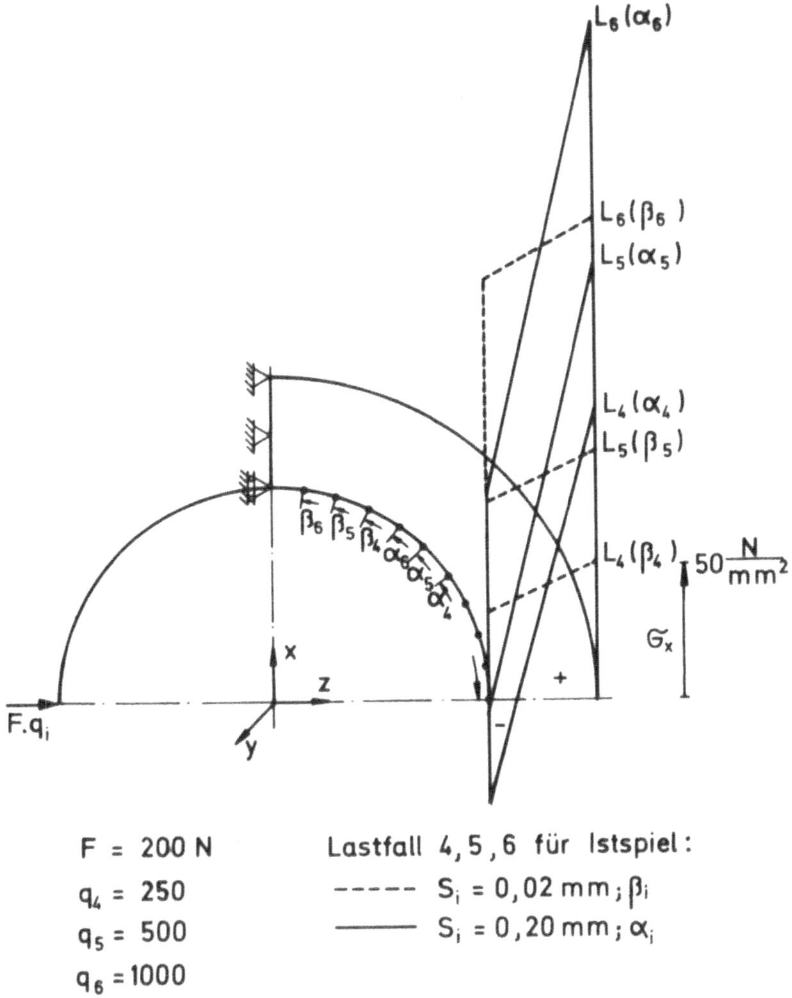

Bild 11: Spannungsverteilung am Pleuel bei variiertem Istspiel S_i.
(Winkel α, bzw. β : bestimmt die Berührfläche für das Spiel S_i = 0,2 bzw. S_i = 0,02 mm bei Lastfall L_i).

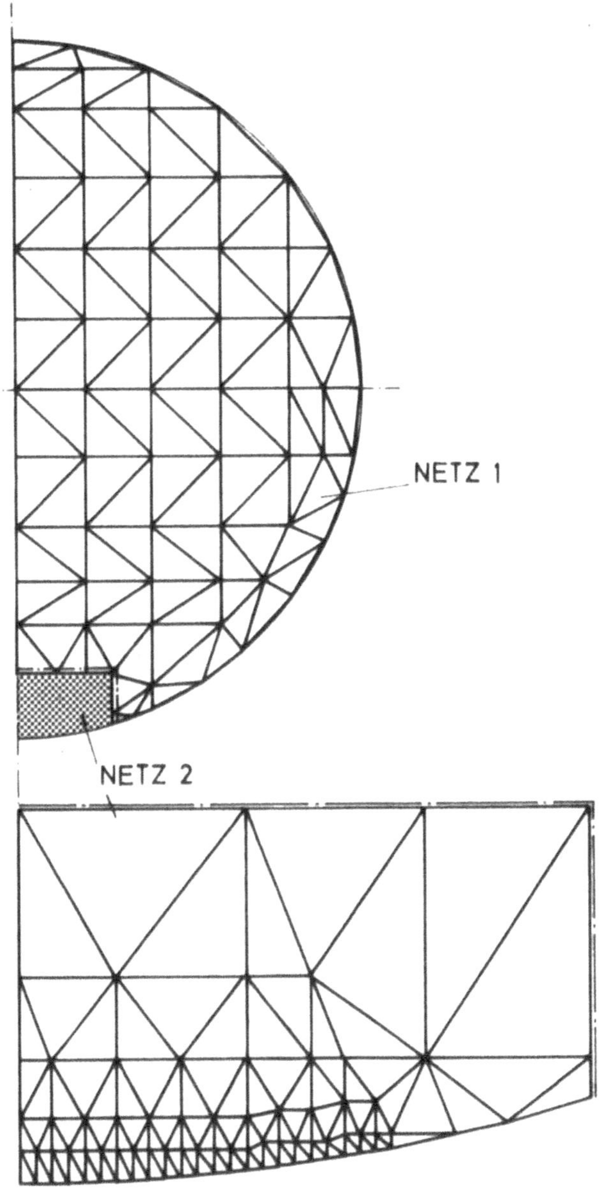

Bild 12: Rechenmodell eines Zylinders.

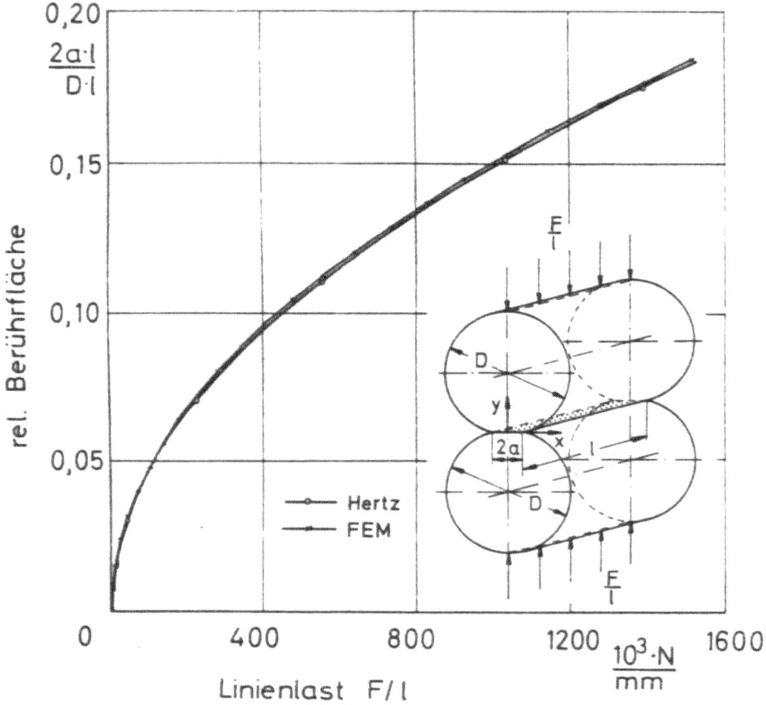

Bild 13: Berührflächenausbreitung in Abhängigkeit von der Belastung.

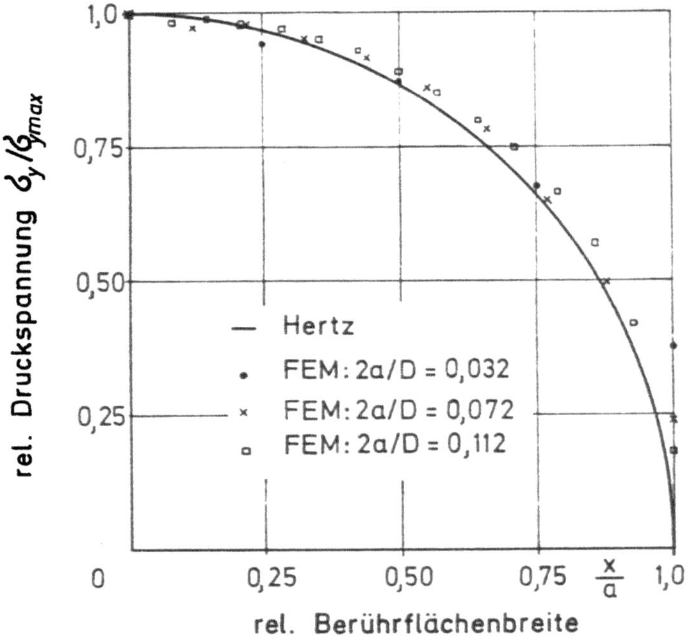

Bild 14: Bezogene Druckspannung über der Berührflächenbreite.

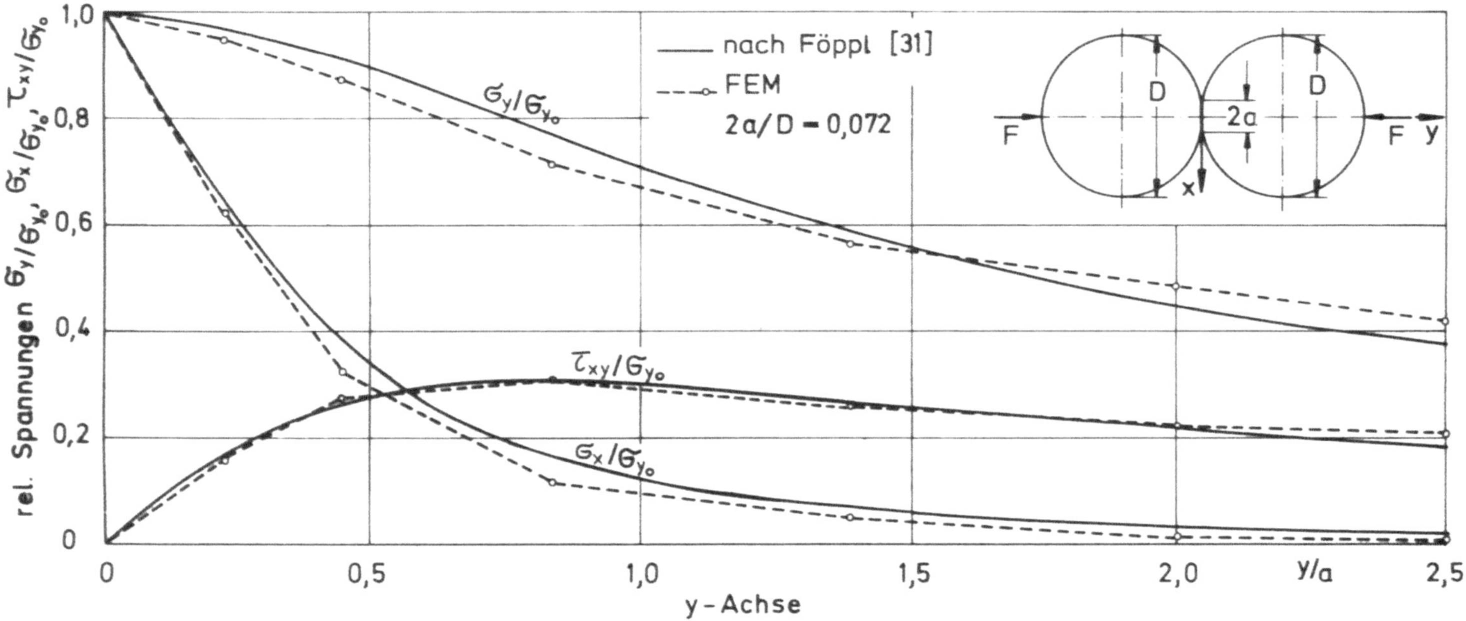

Bild 15: Spannungsverlauf entlang der Symmetrielinie (y-Achse).

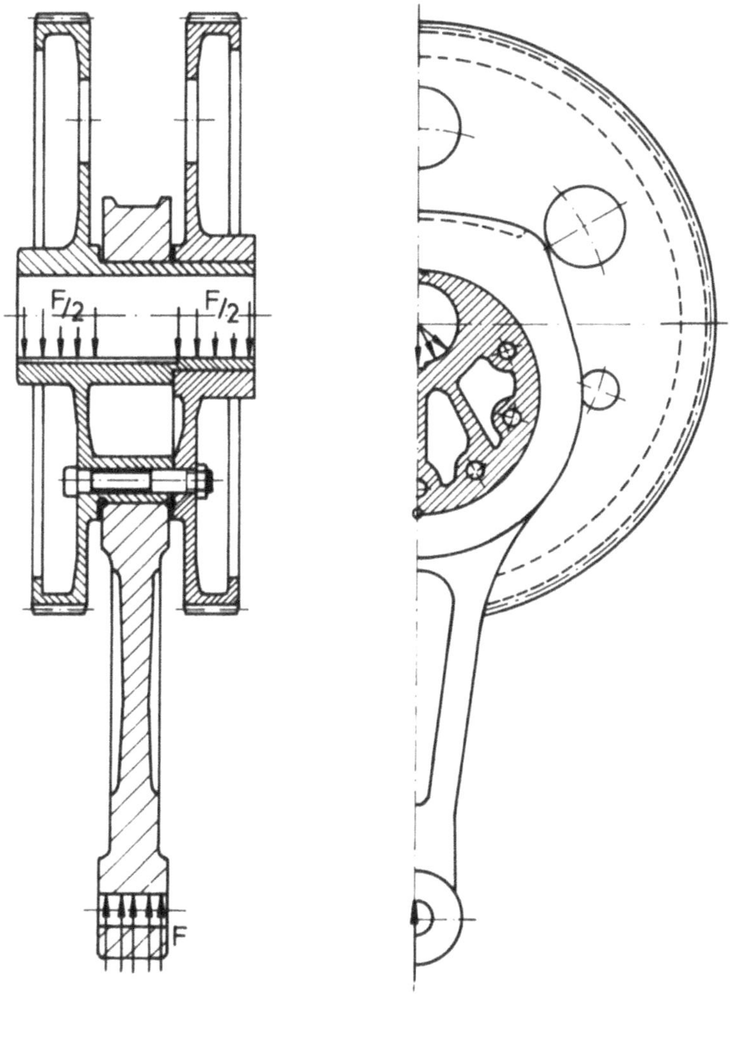

Bild 16: Baugruppe Pleuel-Exzenterrad unter Arbeitsbelastung
(o ≙ Anfangsberührzustand).

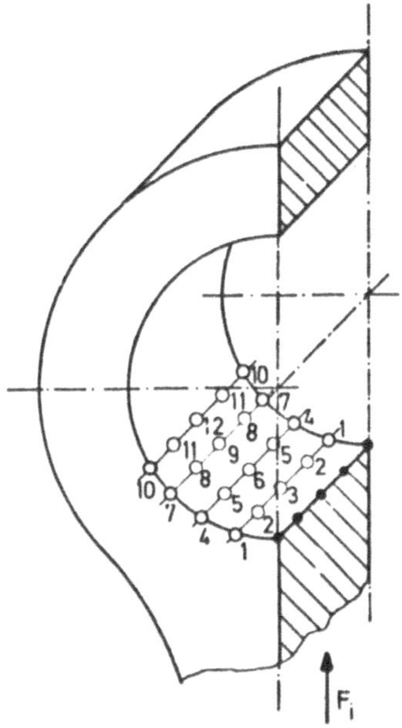

$F = q_i \cdot F_N$ (F_N = 3150 kN)	
Laststufe	Arbeitsbelastung F_i
1	$F_1 = 0,0193 \cdot F_N$
2	$F_2 = 0,0261 \cdot F_N$
3	$F_3 = 0,0375 \cdot F_N$
4	$F_4 = 0,1198 \cdot F_N$
5	$F_5 = 0,1593 \cdot F_N$
6	$F_6 = 0,2115 \cdot F_N$
7	$F_7 = 0,2791 \cdot F_N$
8	$F_8 = 0,3802 \cdot F_N$
9	$F_9 = 0,5837 \cdot F_N$
10	$F_{10} = 0,9330 \cdot F_N$
11	$F_{11} = 1,0358 \cdot F_N$
12	$F_{12} = 1,1073 \cdot F_N$

Bild 17: Lastabhängige Reihenfolge der Berührung von Knotenpunktpaaren.

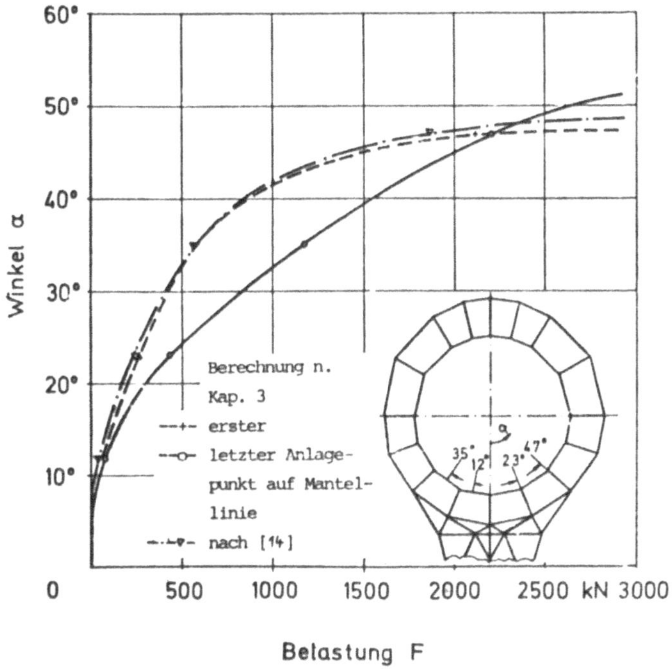

Bild 18: Berührung zwischen Pleuel und Exzenter entlang des Winkels α.

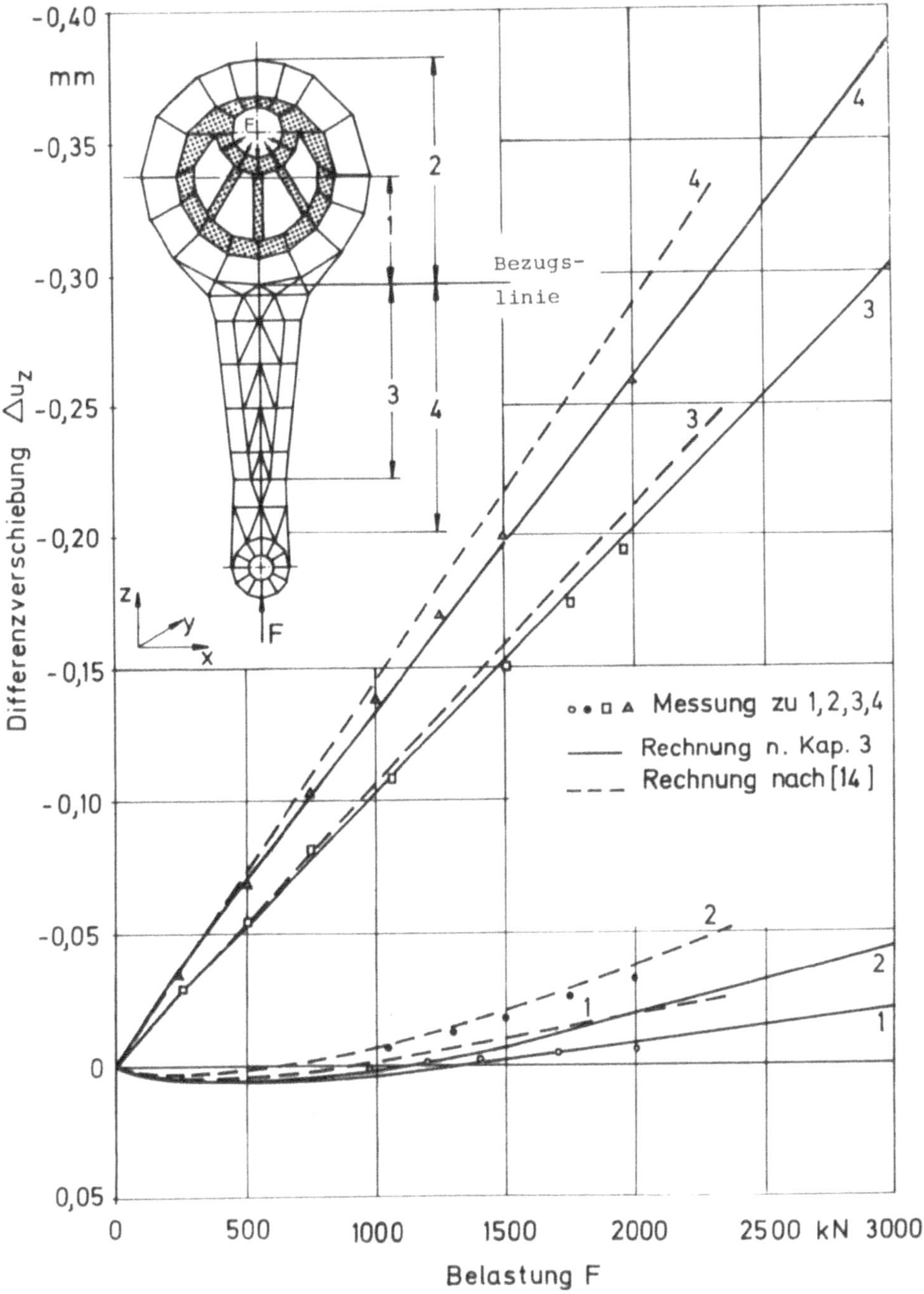

Bild 19: Verschiebungen des Pleuels unter Arbeitsbelastung.

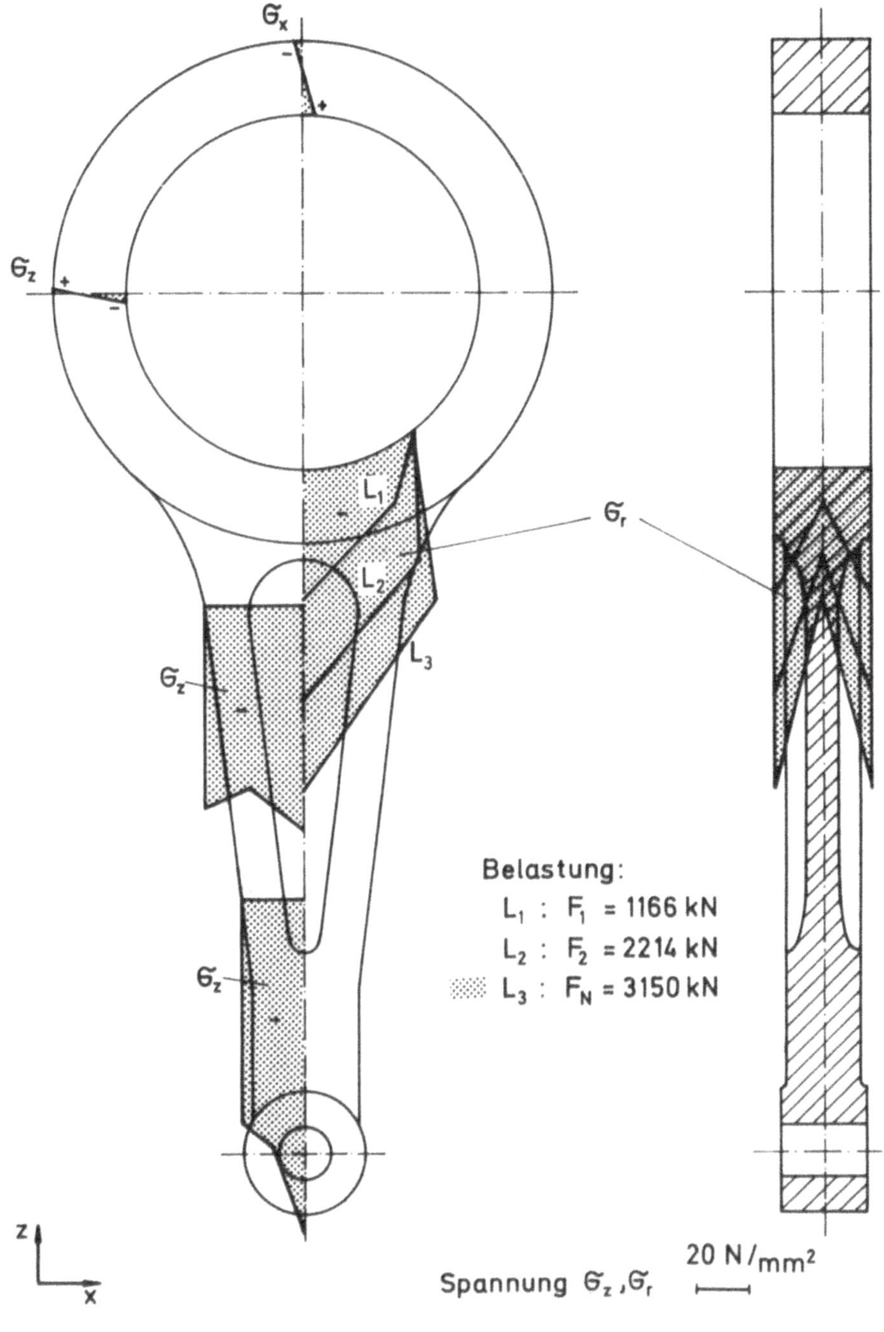

Bild 20: Spannungsverteilung am Pleuel bei Arbeitsbelastung. (σ_r: Druckspannung über der Berührfläche Pleuelauge-Exzenter).

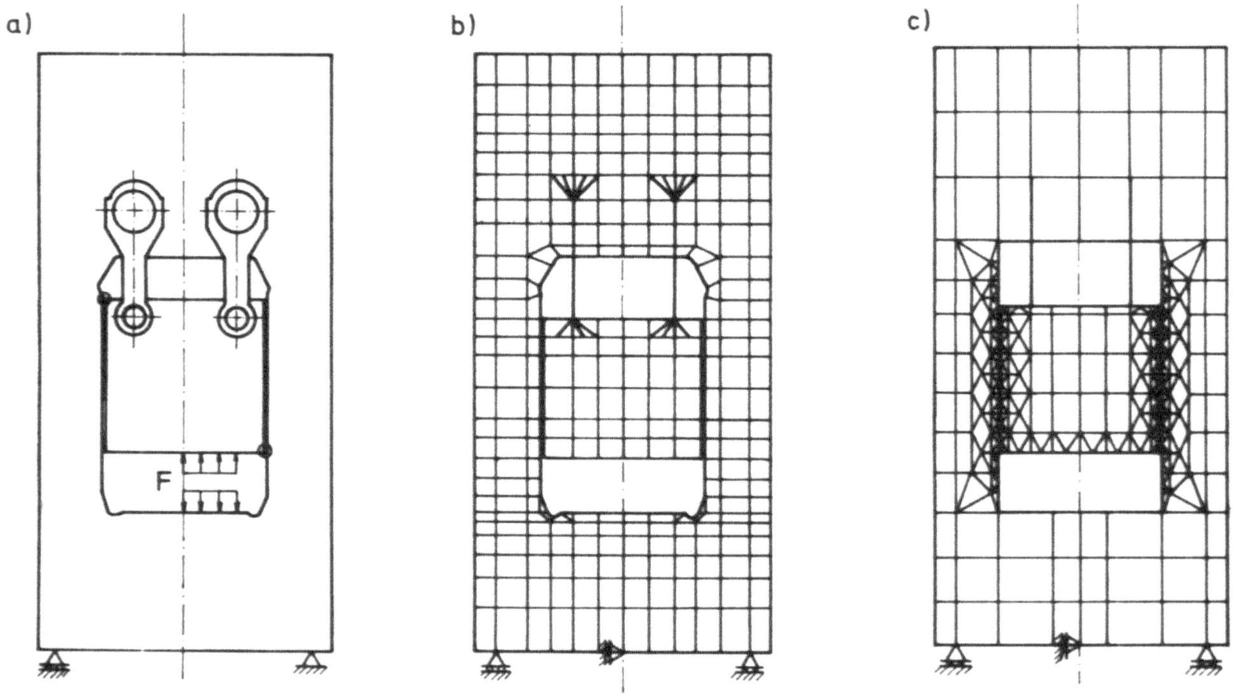

Bild 21: a) vereinfachtes reales Pressenmodell, b) Rechenmodell I, c) Rechenmodell II (zu a): ○ ≙ Anfangsberührzustand).

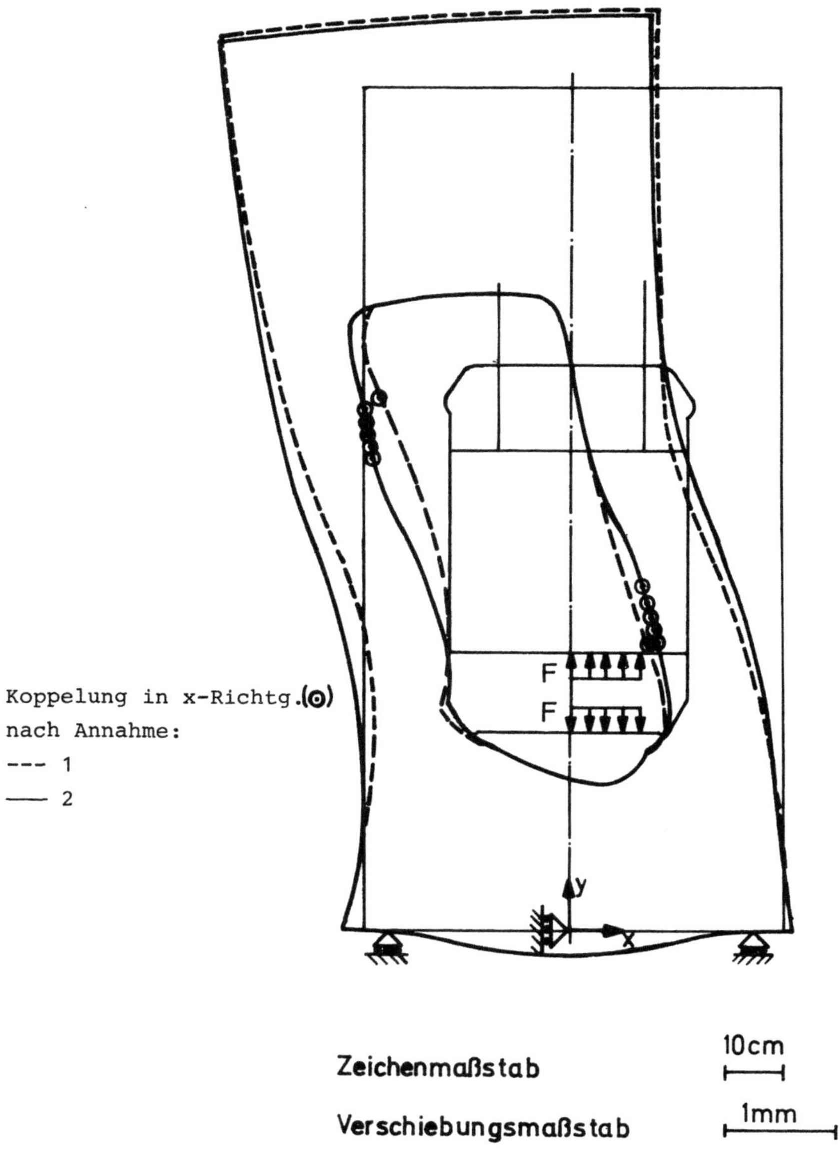

Bild 22: Verschiebungen des Pressenrahmens bei exzentrischer Arbeitsbelastung.

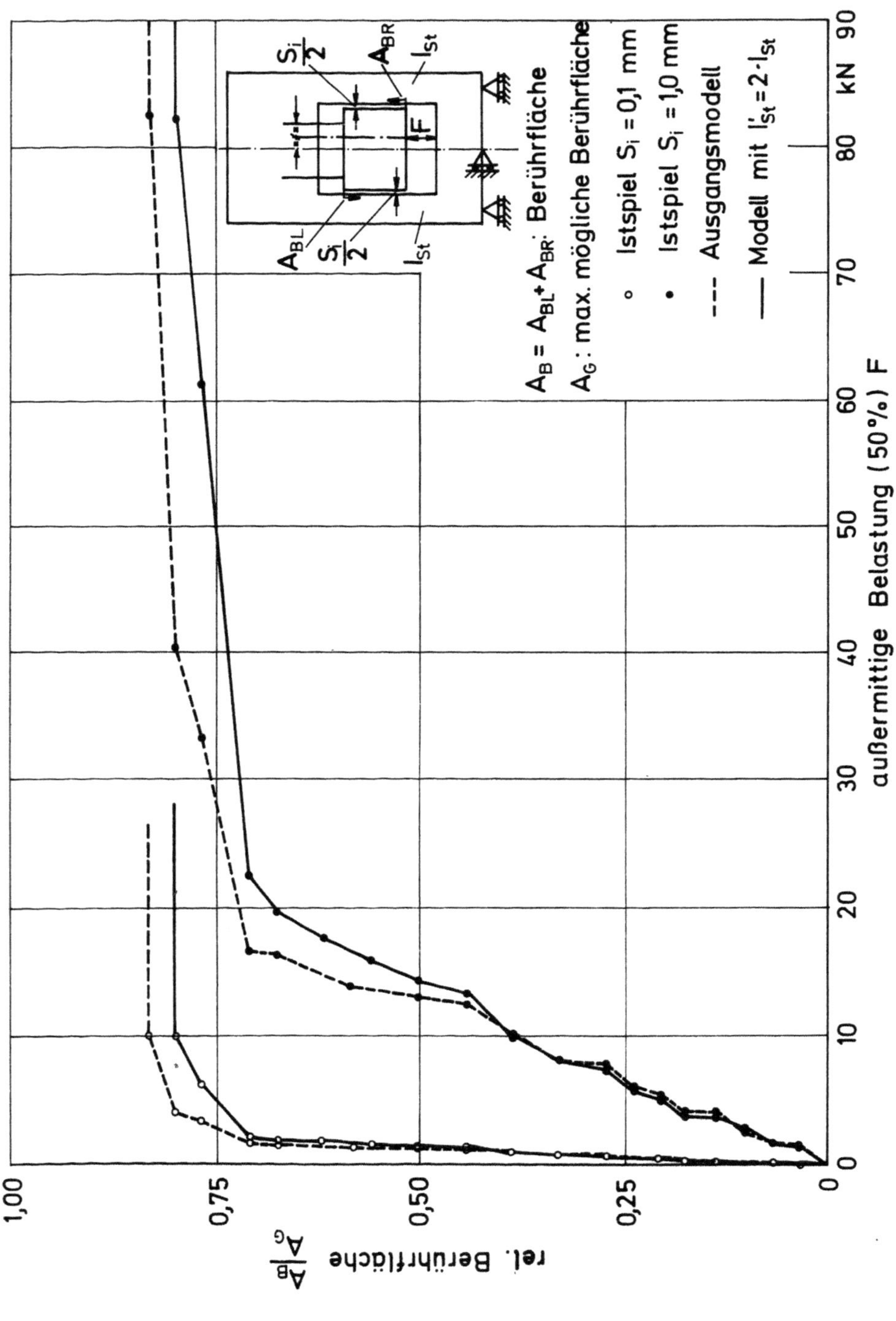
rel. Berührfläche $\frac{A_B}{A_G}$
1,00
0,75
0,50
0,25
0
10
20
30
40
50
60
70
80
90 kN
außermittige Belastung (50%) F
$A_B = A_{BL} + A_{BR}$: Berührfläche
A_G: max. mögliche Berührfläche
○ Istspiel $S_i = 0{,}1$ mm
● Istspiel $S_i = 1{,}0$ mm
--- Ausgangsmodell
— Modell mit $l'_{St} = 2 \cdot l_{St}$
A_{BL}
A_{BR}
$\frac{S_i}{2}$
F
l_{St}

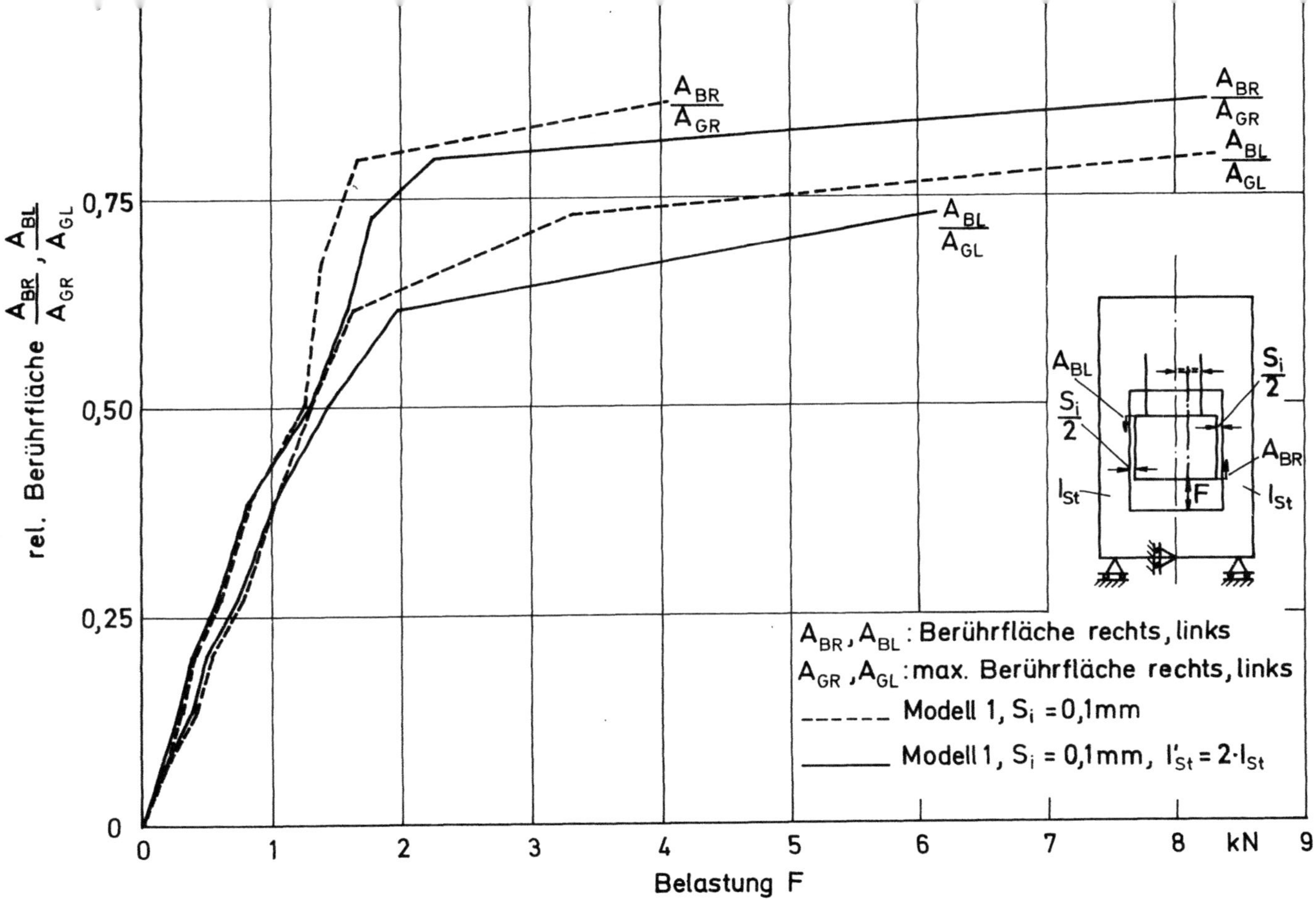

Bild 24: Relative Berührfläche zwischen Stößel und Führung für den Berührbereich rechts und links.

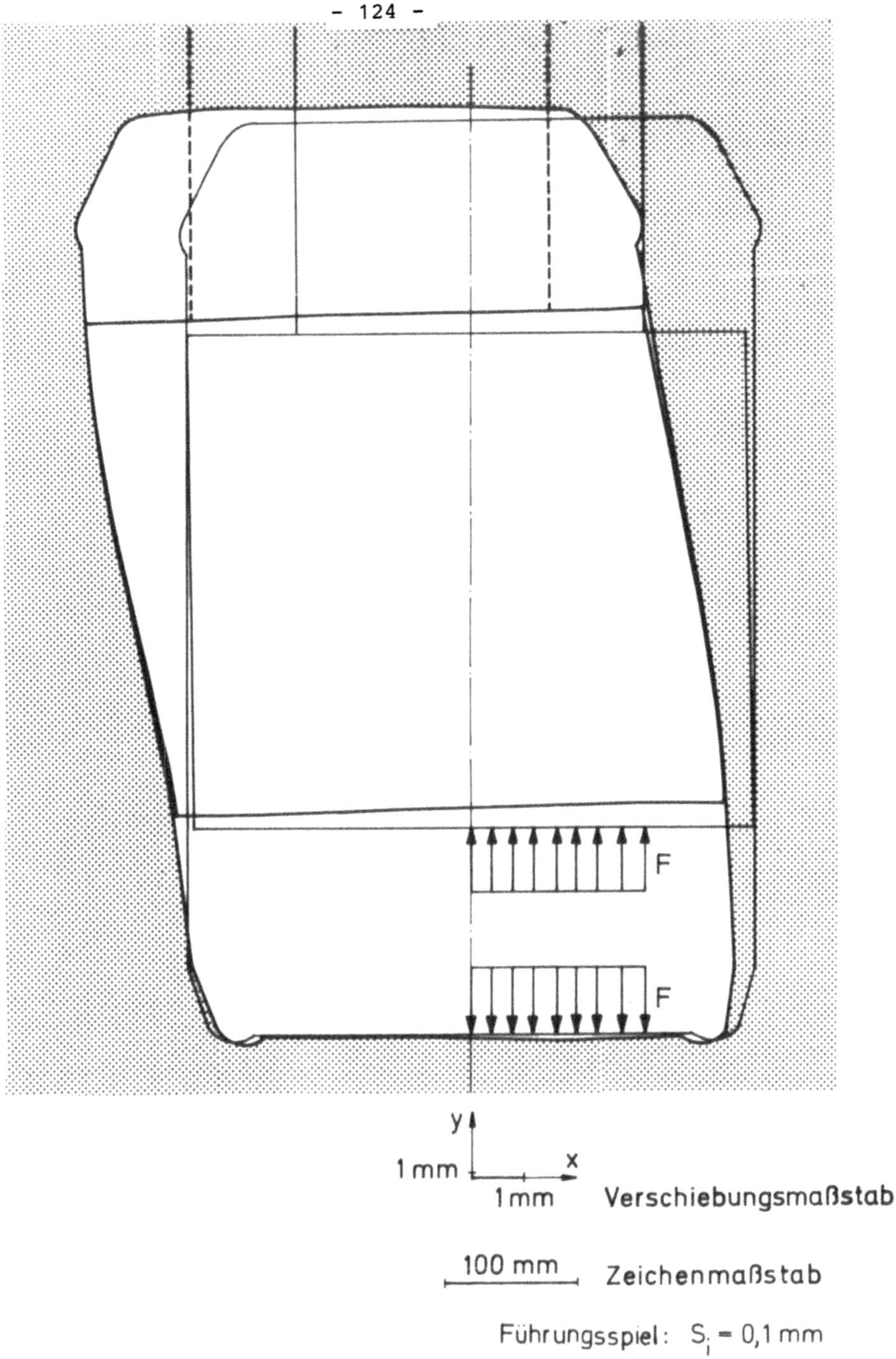

Bild 25: Verschiebungen von Stößel und Führung bei exzentrischer Arbeitsbelastung.

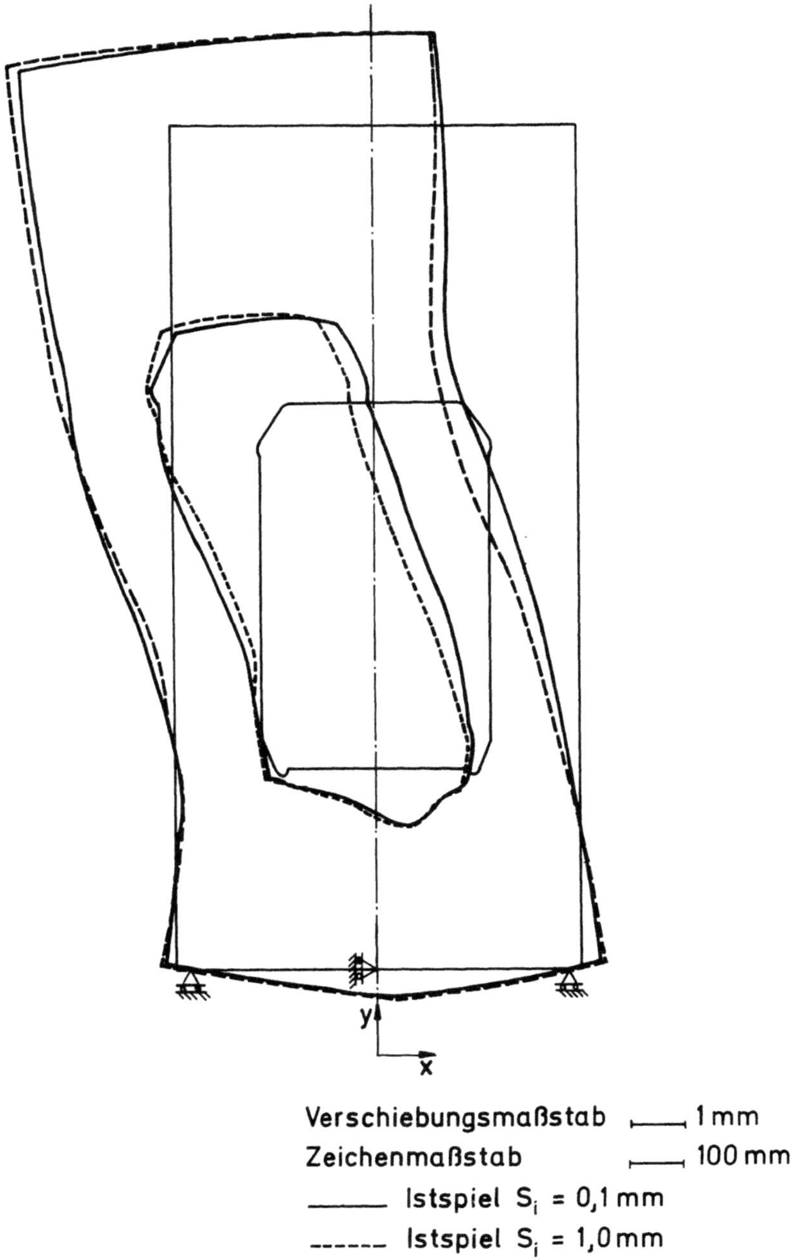

Bild 26: Verschiebungen des Pressenrahmens bei exzentrischer Arbeitsbelastung und variiertem Führungsspiel.

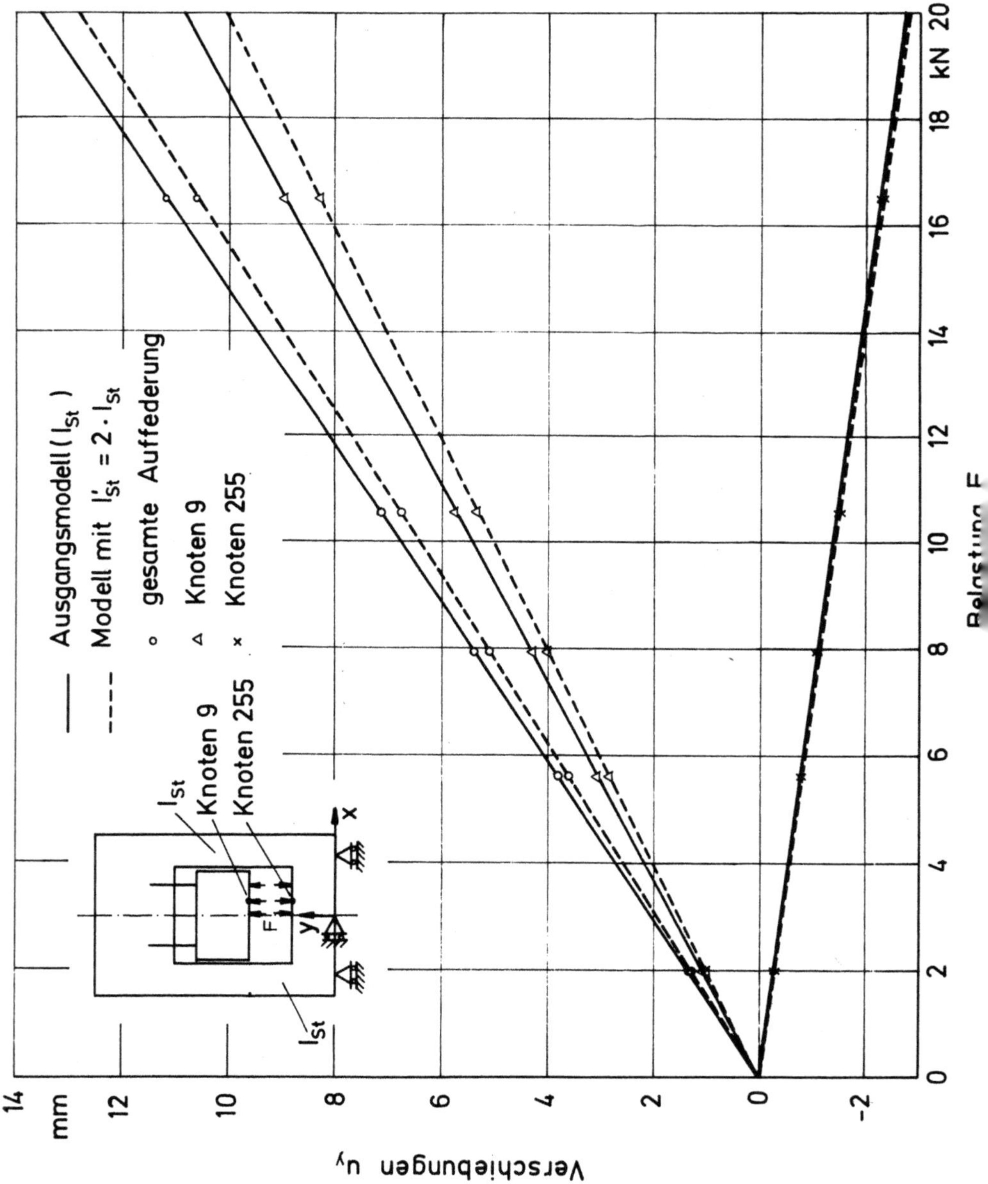
Ausgangsmodell (I_{St})
Modell mit $I'_{St} = 2 \cdot I_{St}$
gesamte Auffederung
Knoten 9
Knoten 255
I_{St}
Knoten 9
Knoten 255
F
y
x
I_{St}
14
mm
12
10
8
6
4
2
0
-2
Verschiebungen u_y
0
2
4
6
8
10
12
14
16
18
kN 20
Belastung F

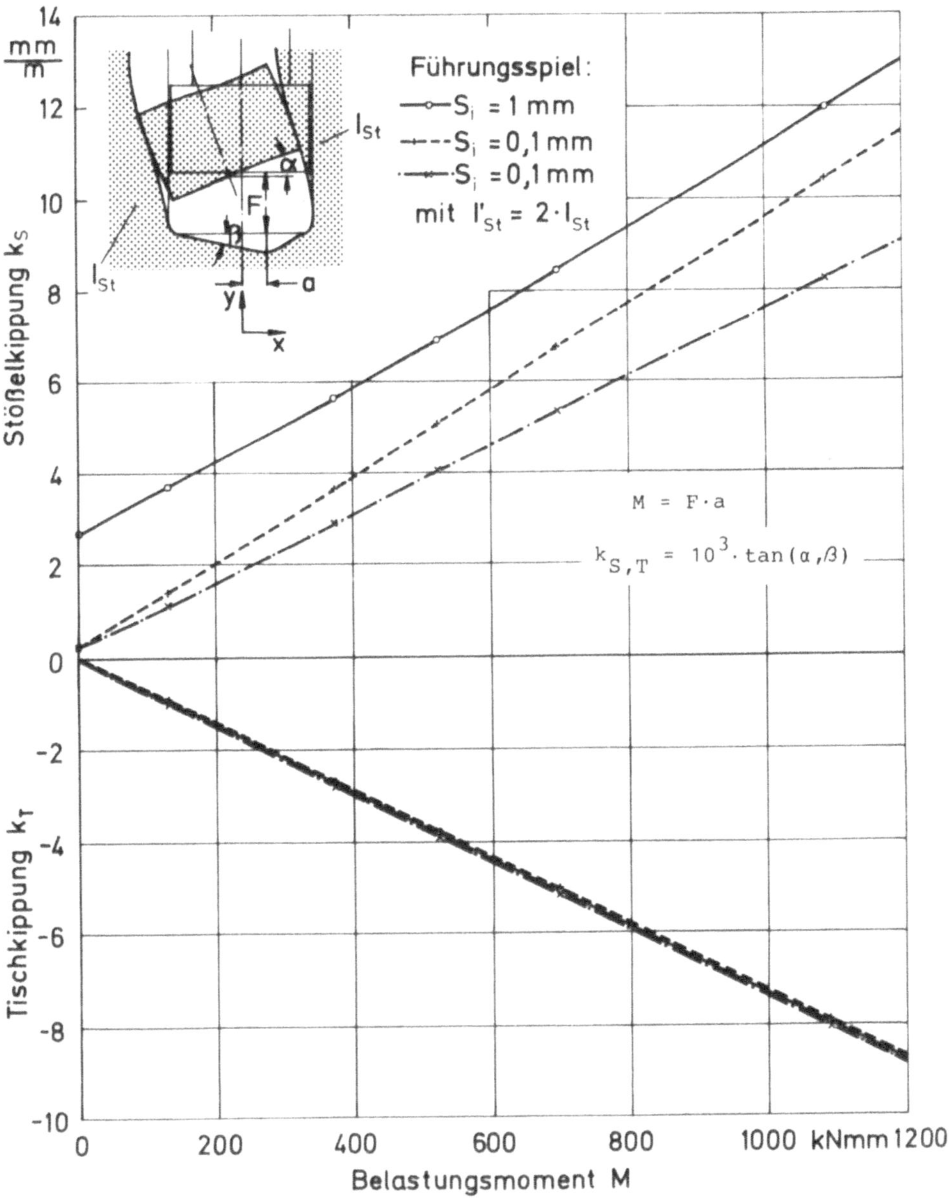

Bild 28: Kippung der Stößel- und Tischfläche in Abhängigkeit vom Belastungsmoment.

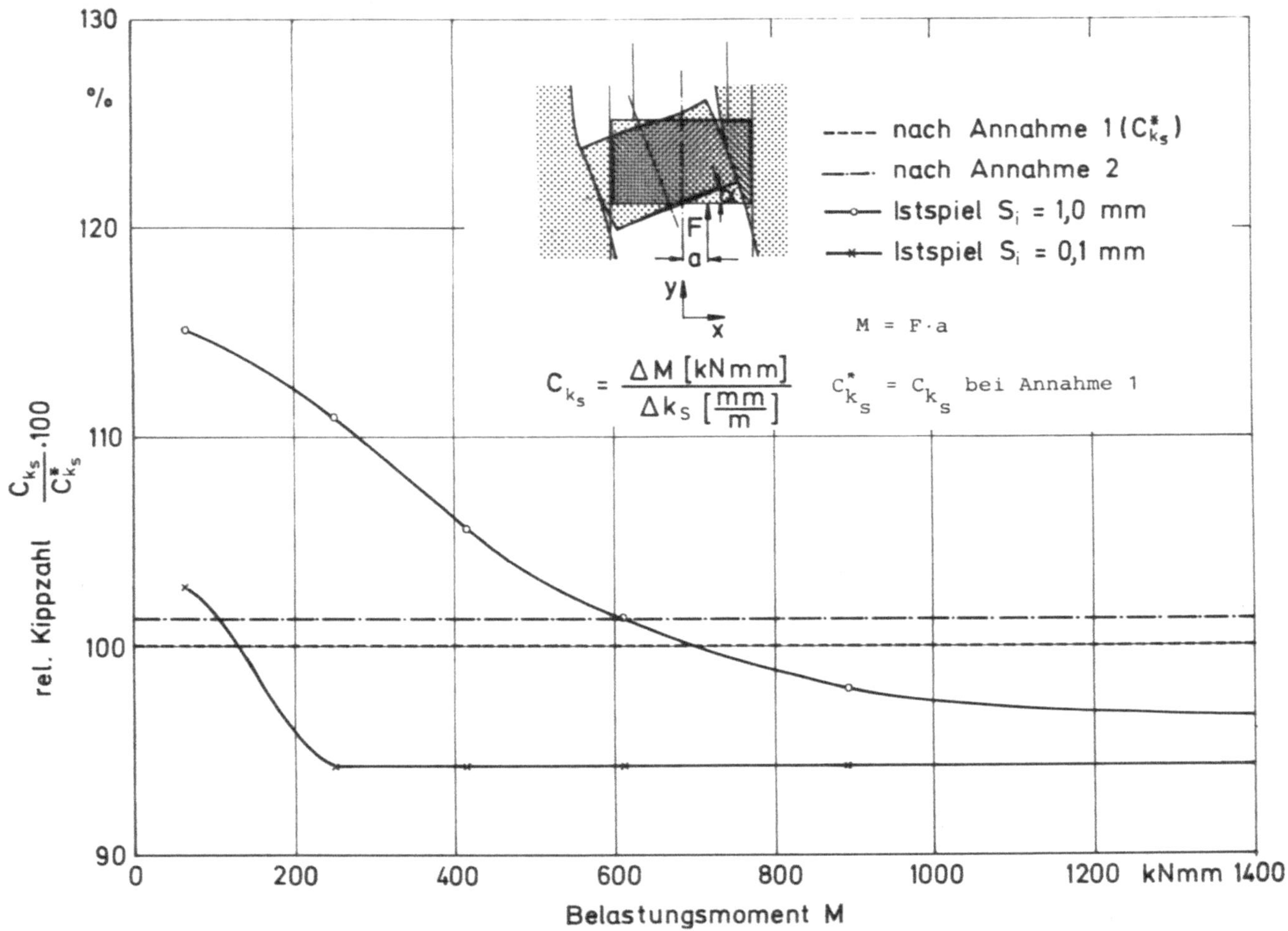

Bild 80: Relative Stößelkippzahl bei verschiedenen Annahmen

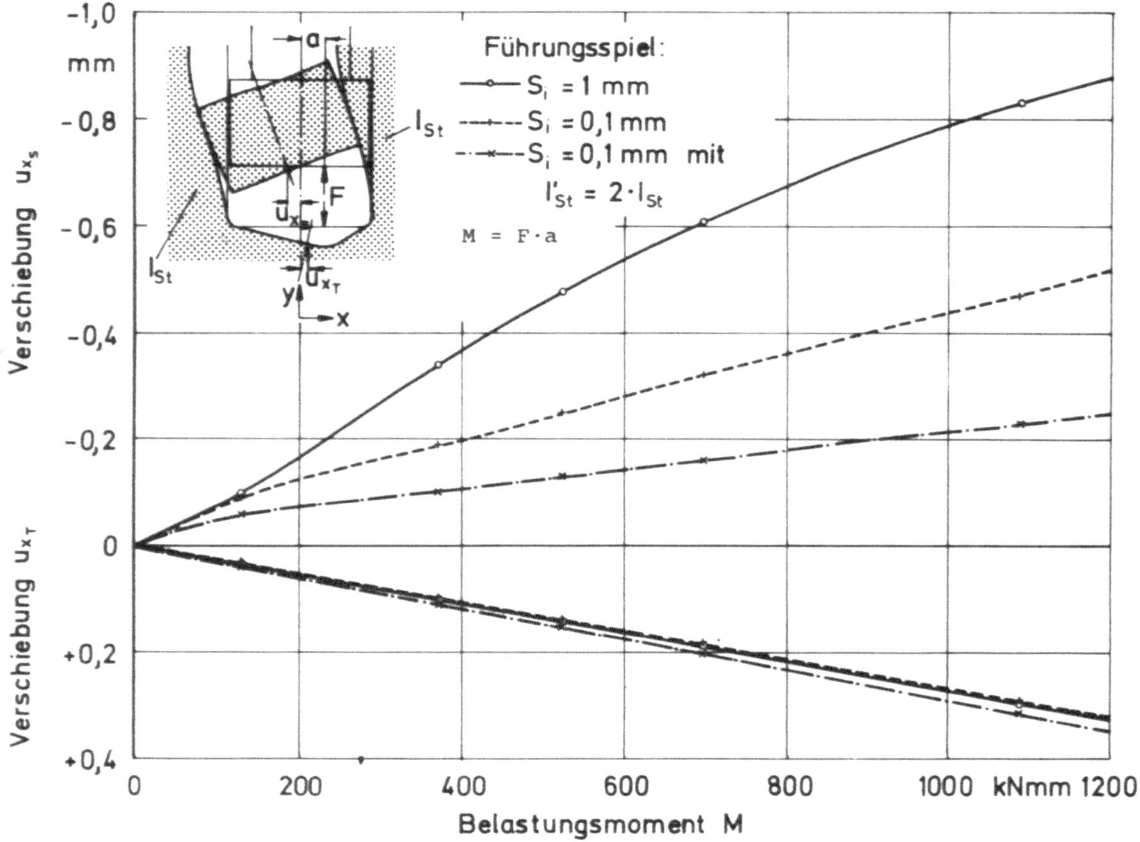

Bild 30: Verschiebungen von Stößel- und Tischmittelpunkt senkrecht zur Belastungsrichtung.

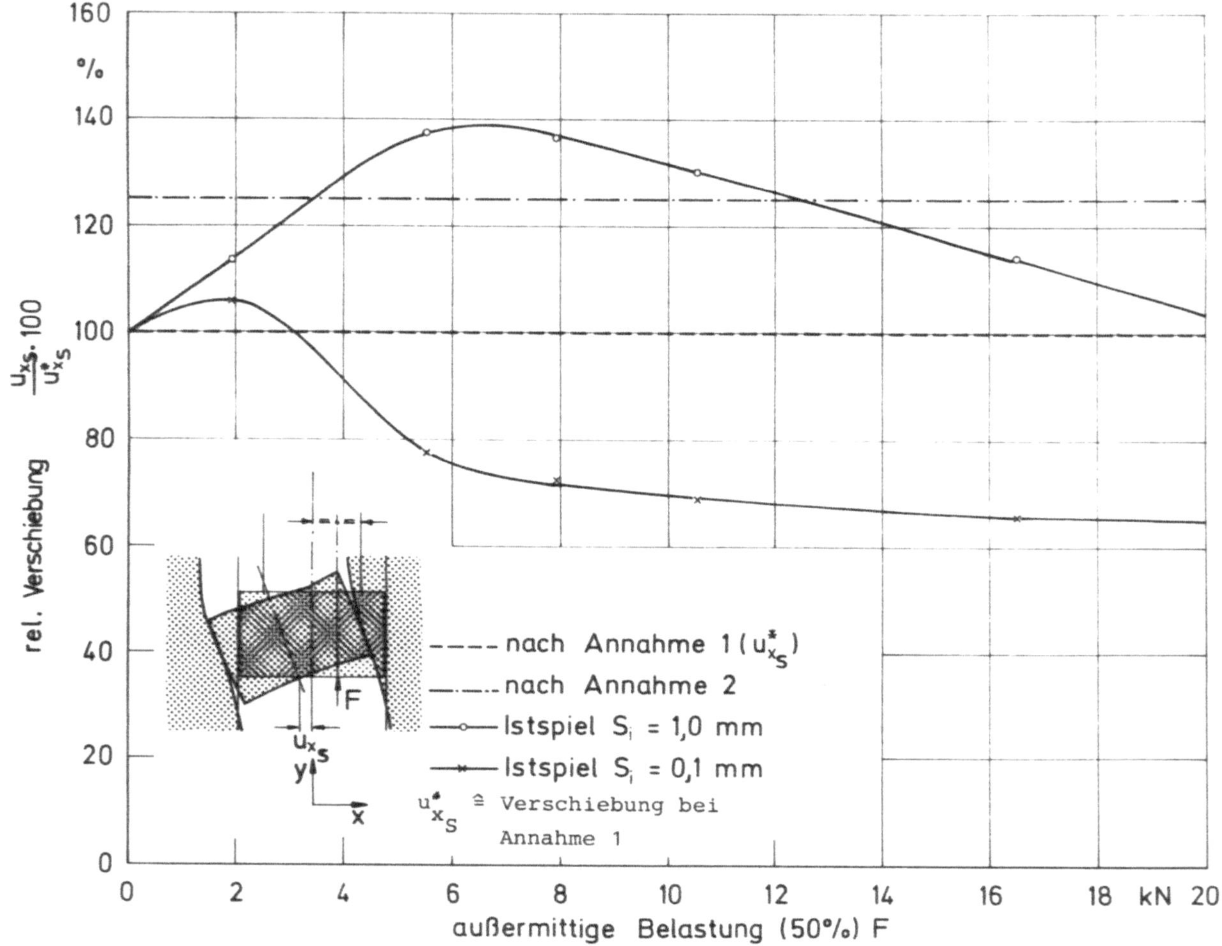

Bild 31: Relative Verschiebungen des Stößelmittelpunktes bei

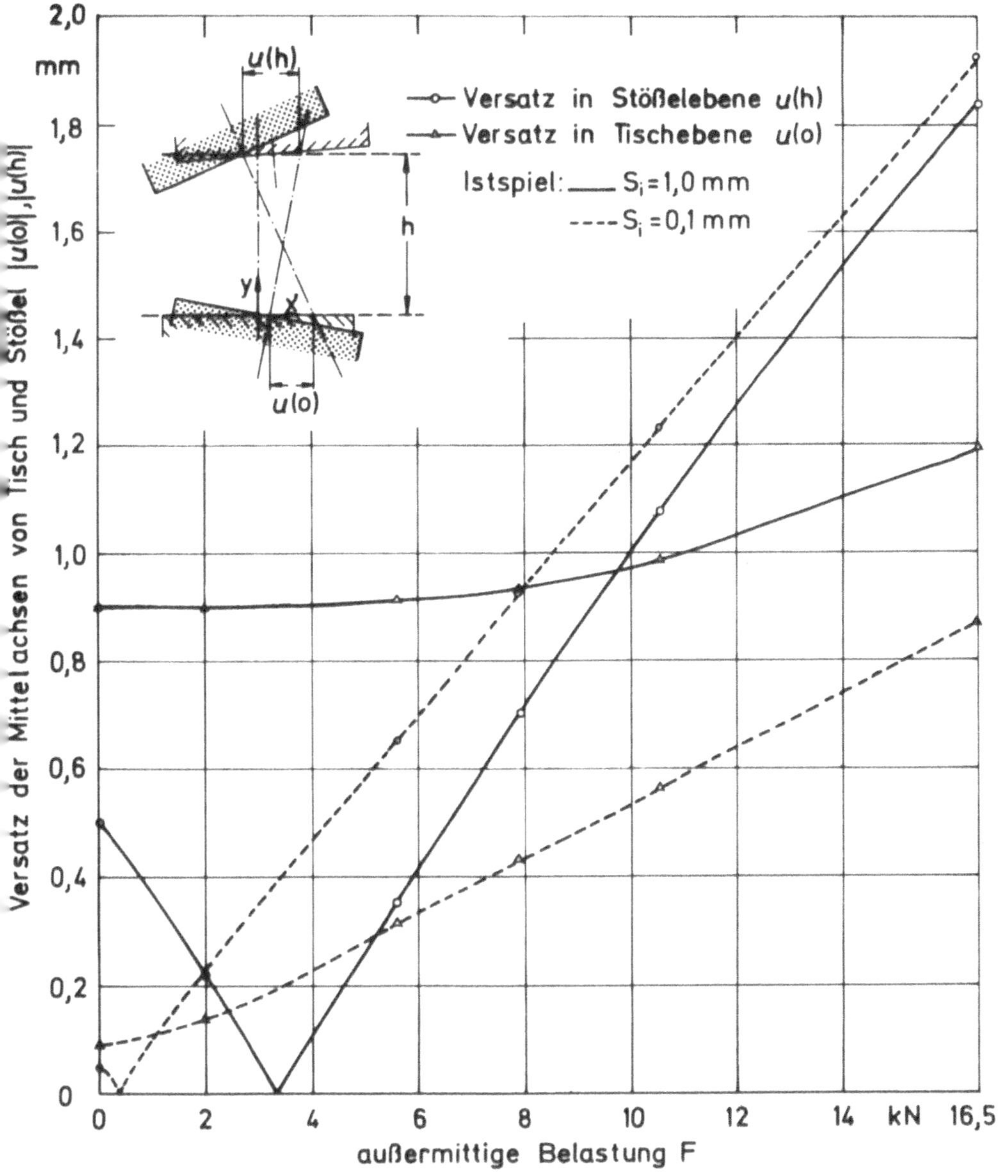

Bild 32: Versatz der Mittelachse von Tisch und Stößel.
(Kraftwirkungslinie zwischen Symmetrieachse und Pleuelachse).

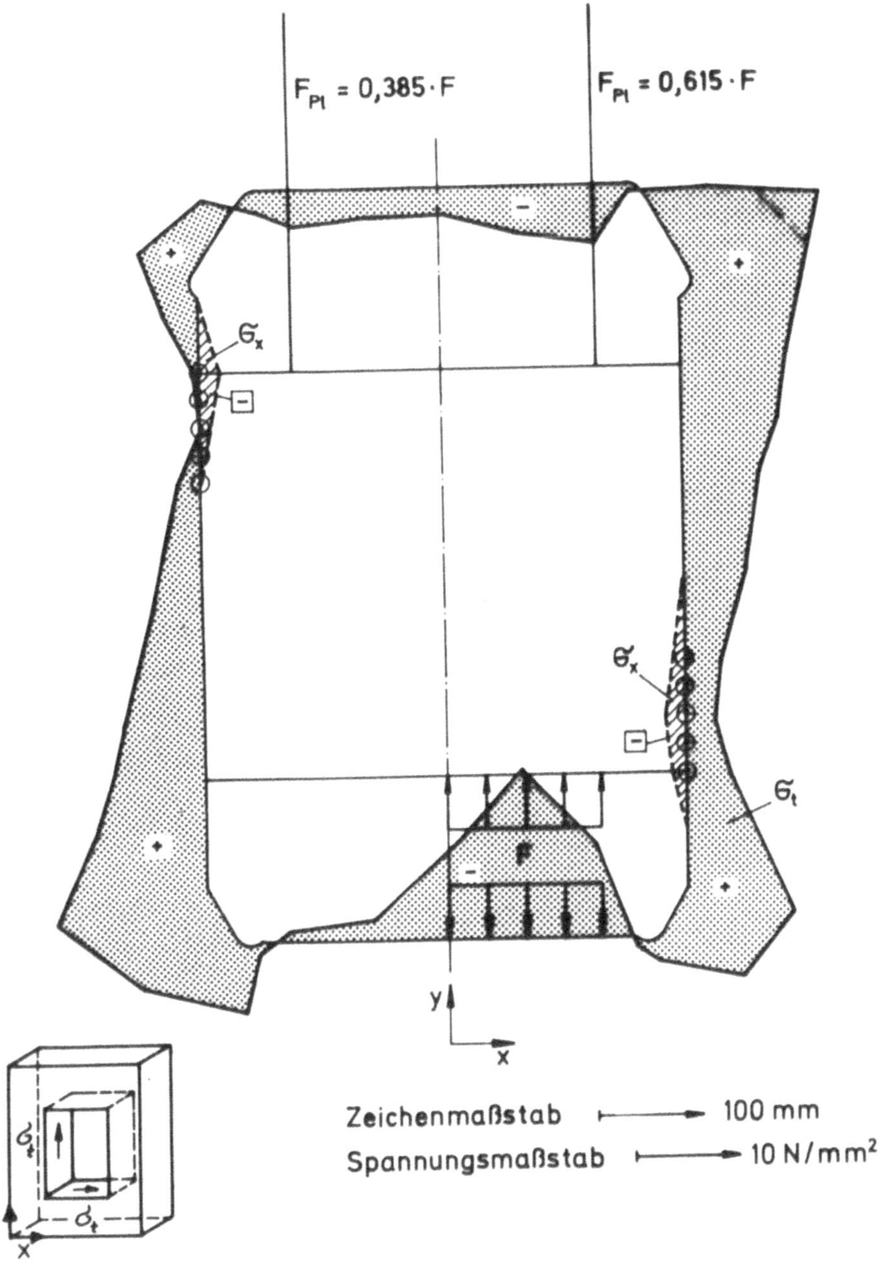

Bild 33: Spannungsverteilung am Frontblech bei exzentrischer Arbeitsbelastung (σ_t entlang der Innenkontur des Pressenrahmens).

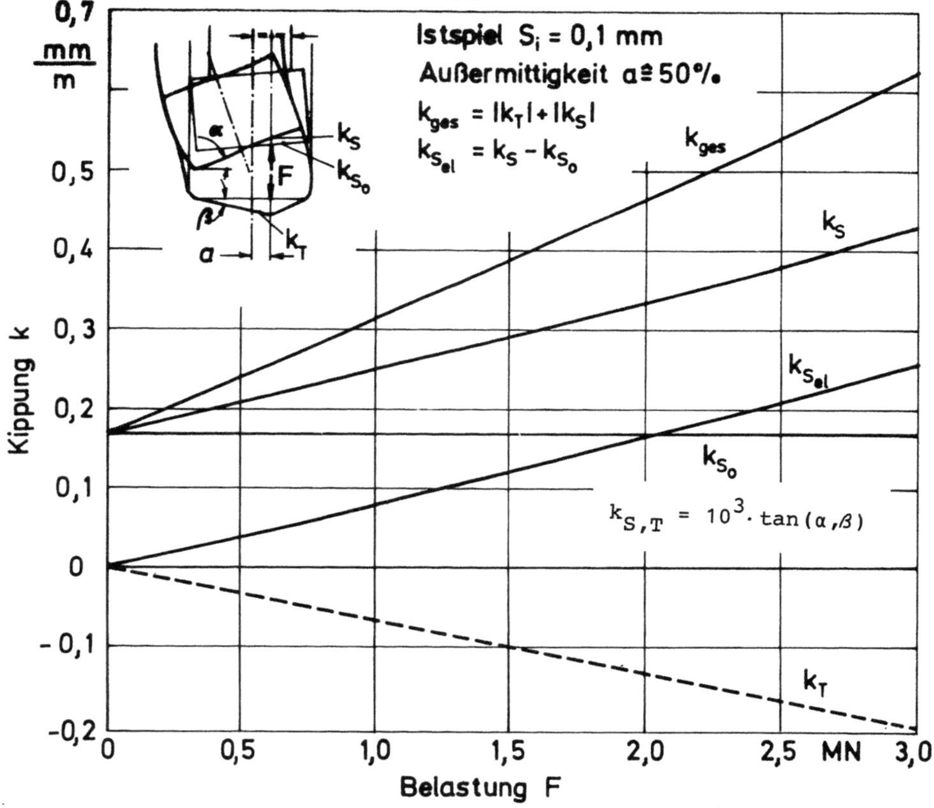

Bild 34: Kippung der Arbeitsflächen bei außermittiger Arbeitsbelastung (Normalausführung, Zweipunkt-Antrieb).

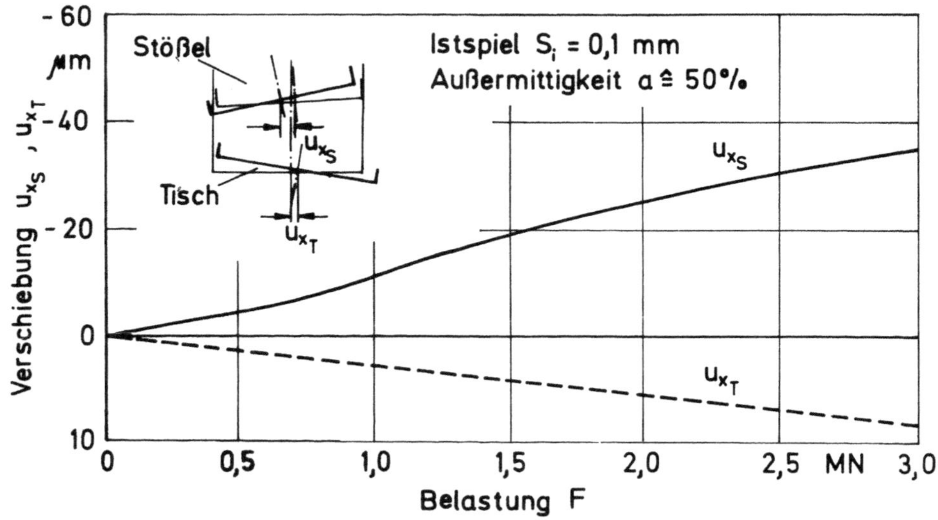

Bild 35: Verschiebung von Stößel- und Tischmittelpunkt senkrecht zur Belastungsrichtung (Normalausführung, Zweipunkt-Antrieb).

a)

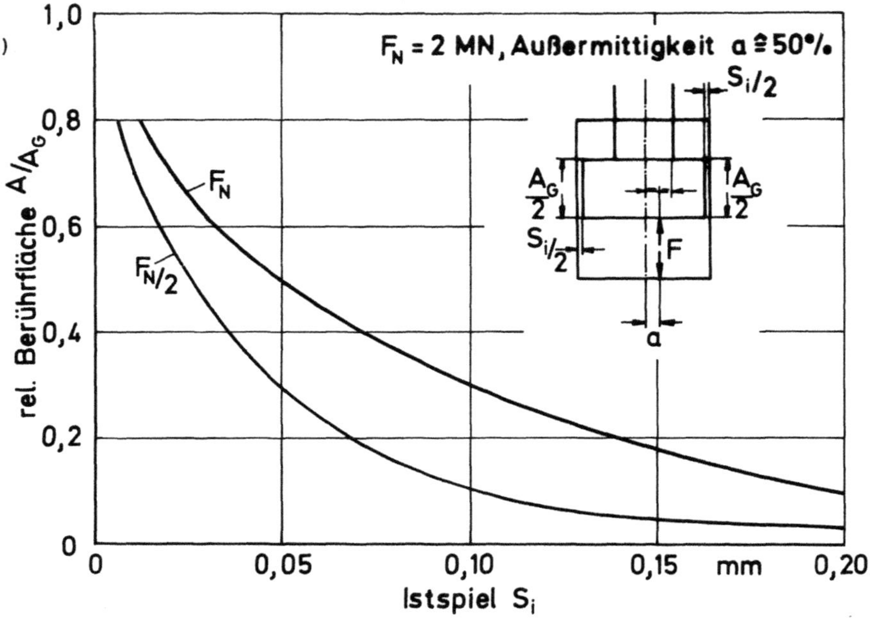

b)

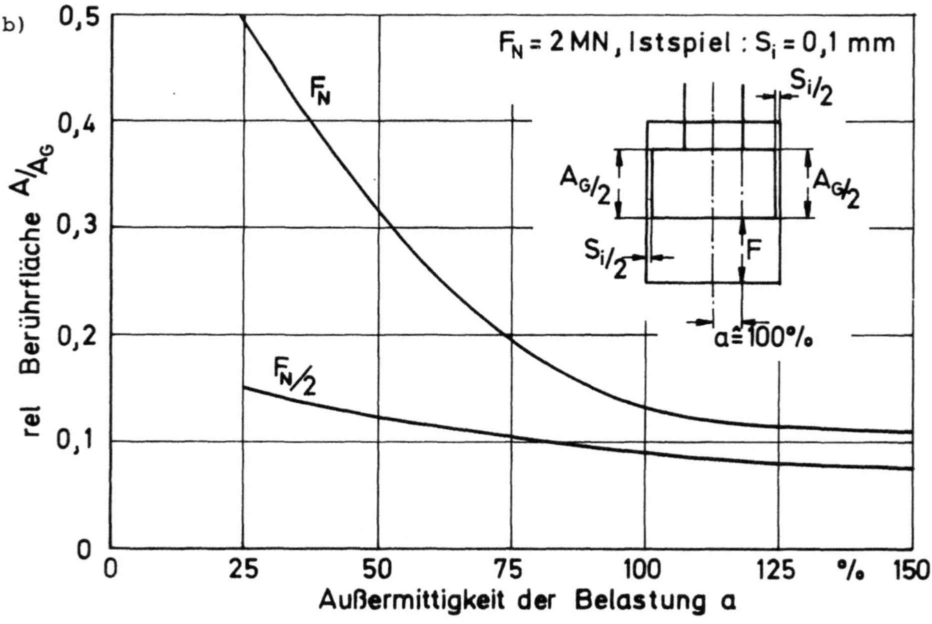

Bild 36: Relative Berührfläche bei

a) variiertem Führungsspiel

b) variierter Außermittigkeit der Belastung.

a)

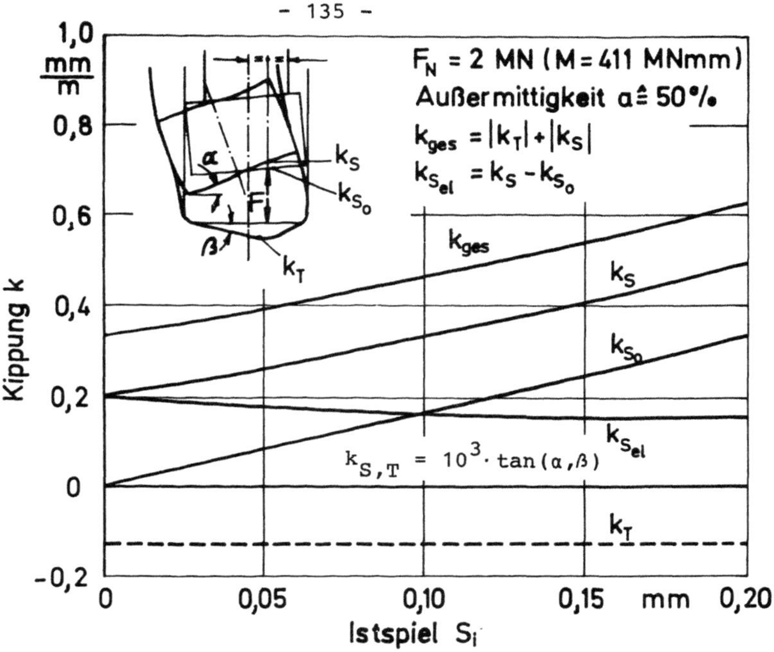

b)

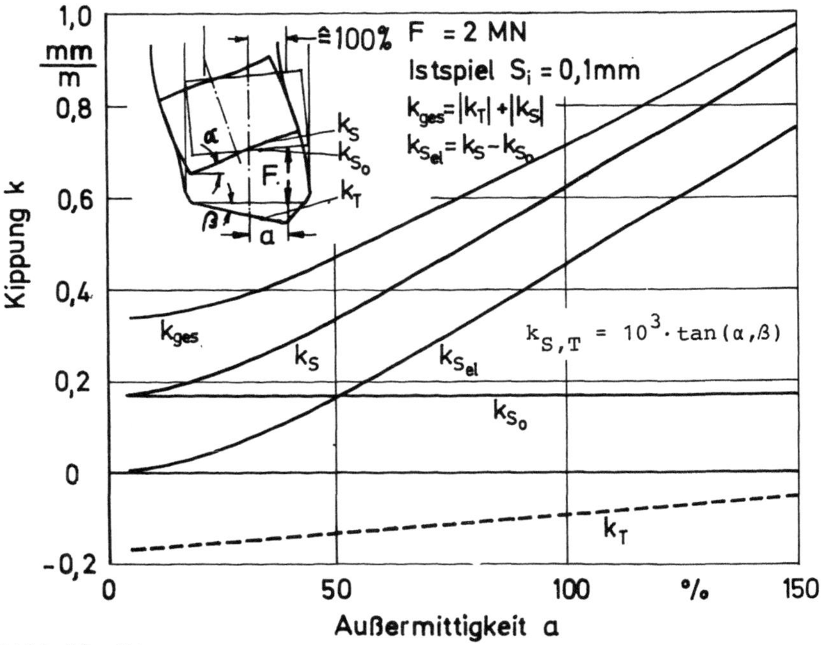

Bild 37: Kippung der Arbeitsflächen bei:

a) variiertem Führungsspiel

b) variierter Außermittigkeit der Belastung.

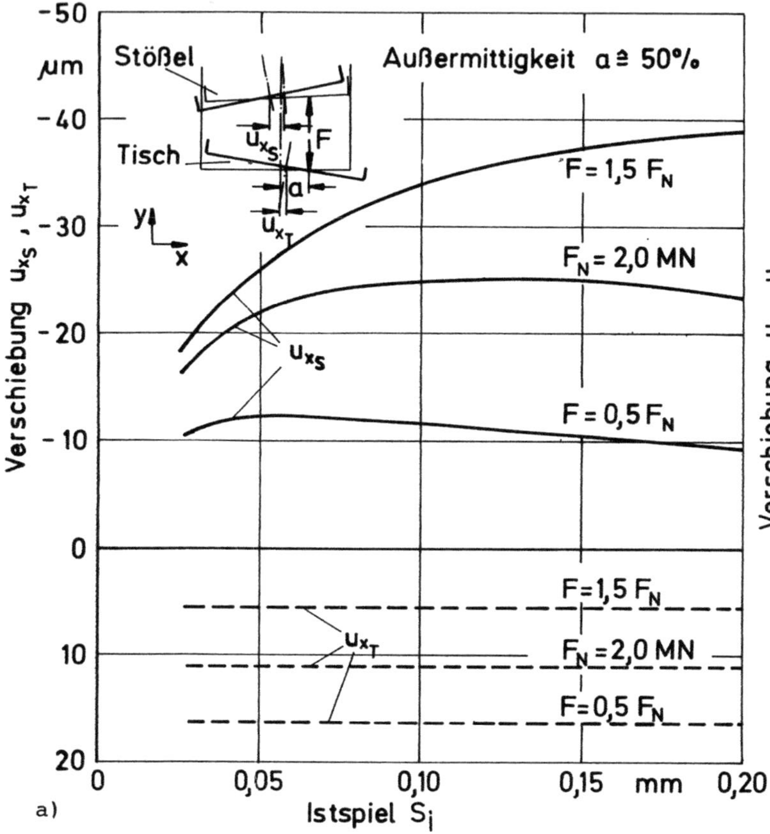

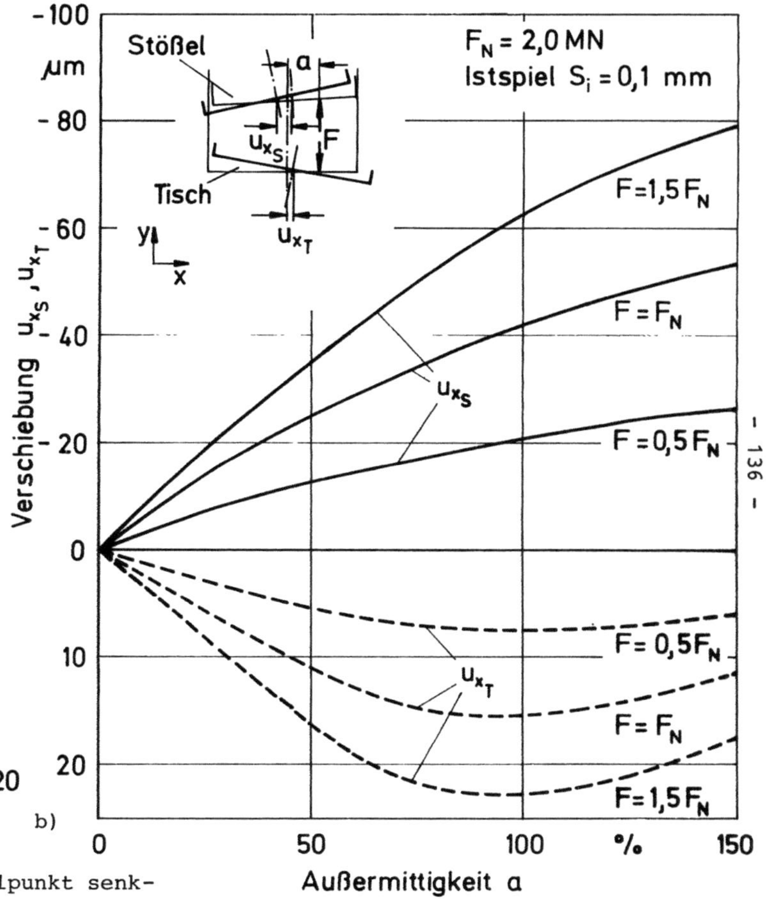

Bild 38: Verschiebung von Stößel- und Tischmittelpunkt senkrecht zur Belastungsrichtung bei:

a) variiertem Führungsspiel

b) [illegible]

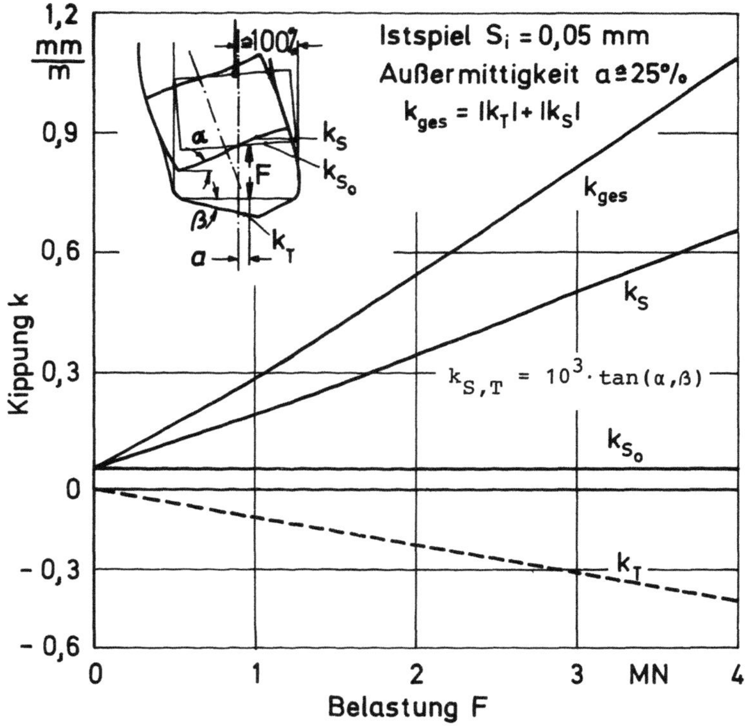

Bild 39: Kippung der Arbeitsflächen bei außermittiger Belastung (Normalausführung, Einpunkt-Antrieb).

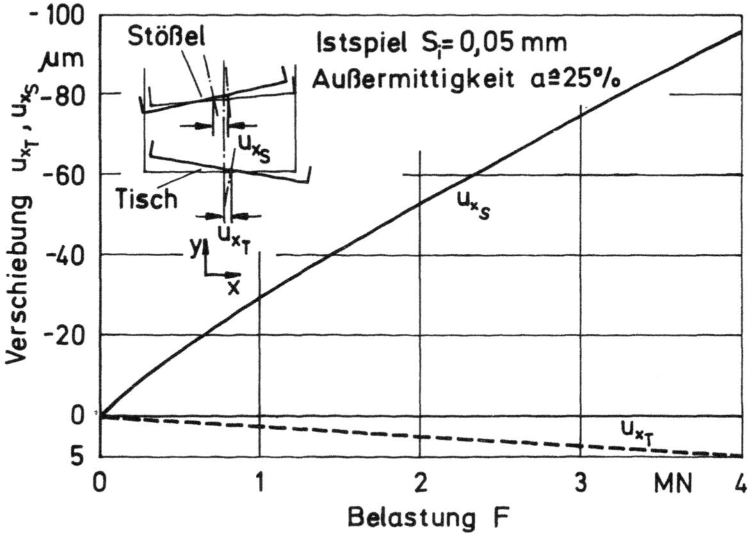

Bild 40: Verschiebungen von Stößel- und Tischmittelpunkt senkrecht zur Belastungsrichtung (Normalausführung, Einpunkt-Antrieb).

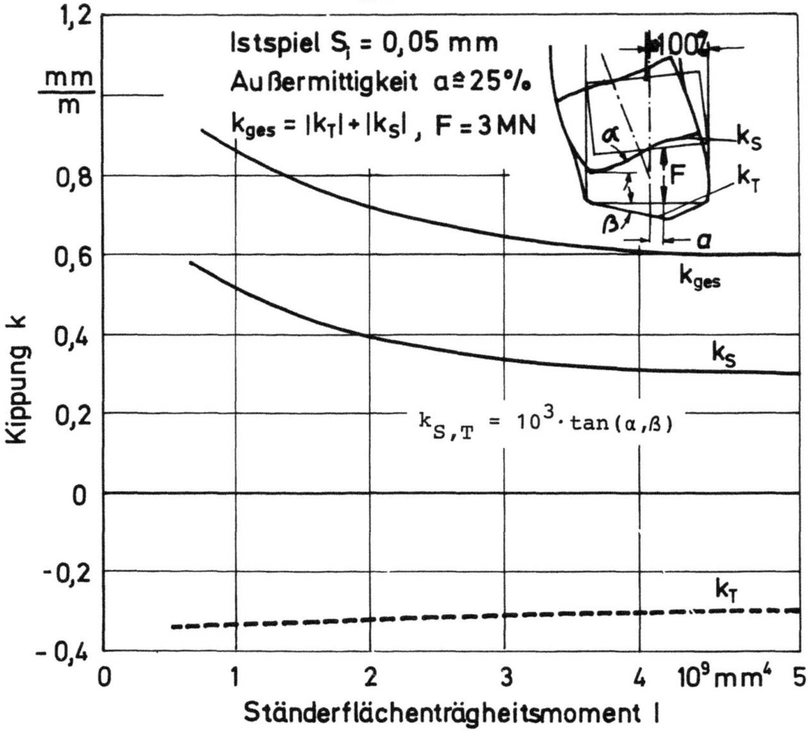

Bild 41: Kippung der Arbeitsflächen bei variiertem Ständerflächenträgheitsmoment.

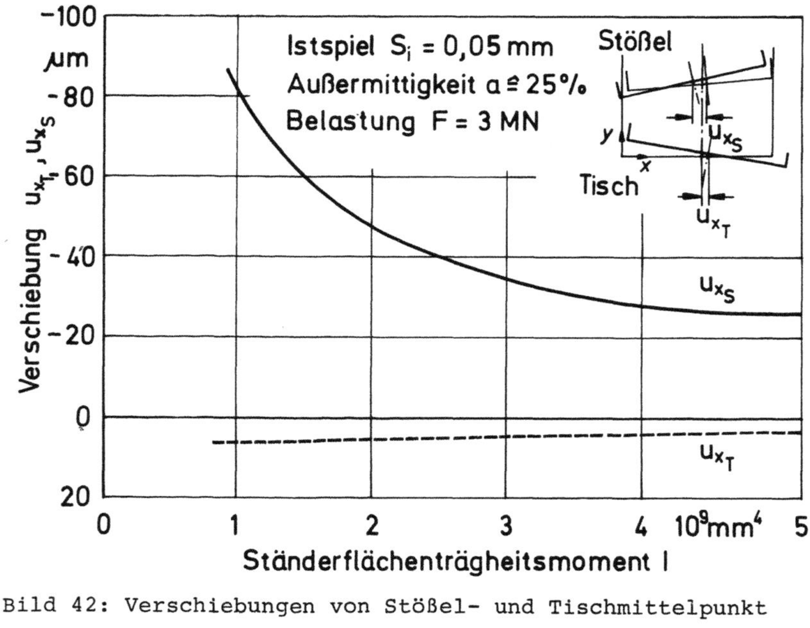

Bild 42: Verschiebungen von Stößel- und Tischmittelpunkt senkrecht zur Belastungsrichtung bei variiertem Ständerflächenträgheitsmoment.

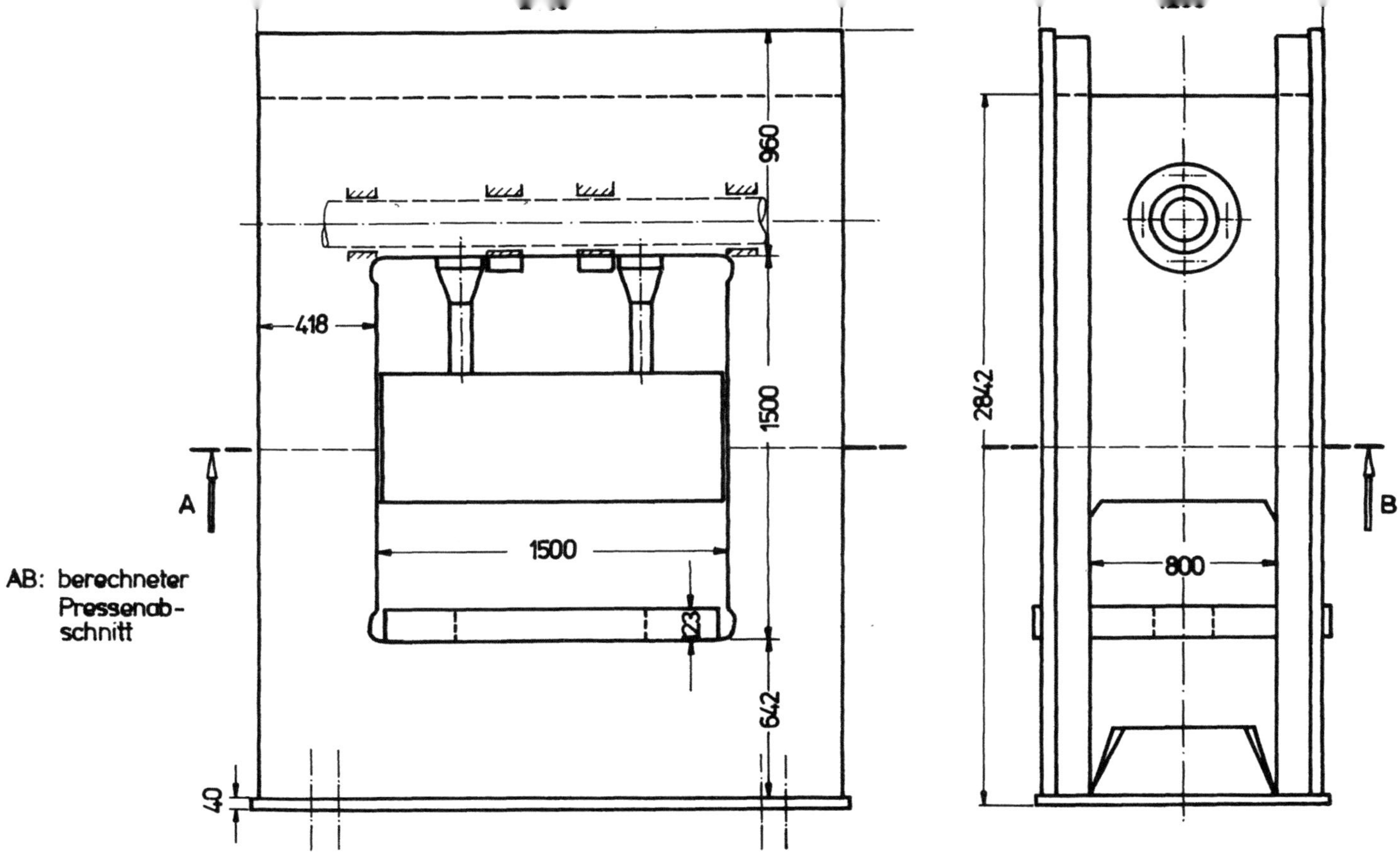

Bild 43: Vereinfachte Darstellung einer Zweiständerpresse mit Längswellenantrieb, Welle 4-fach gelagert.

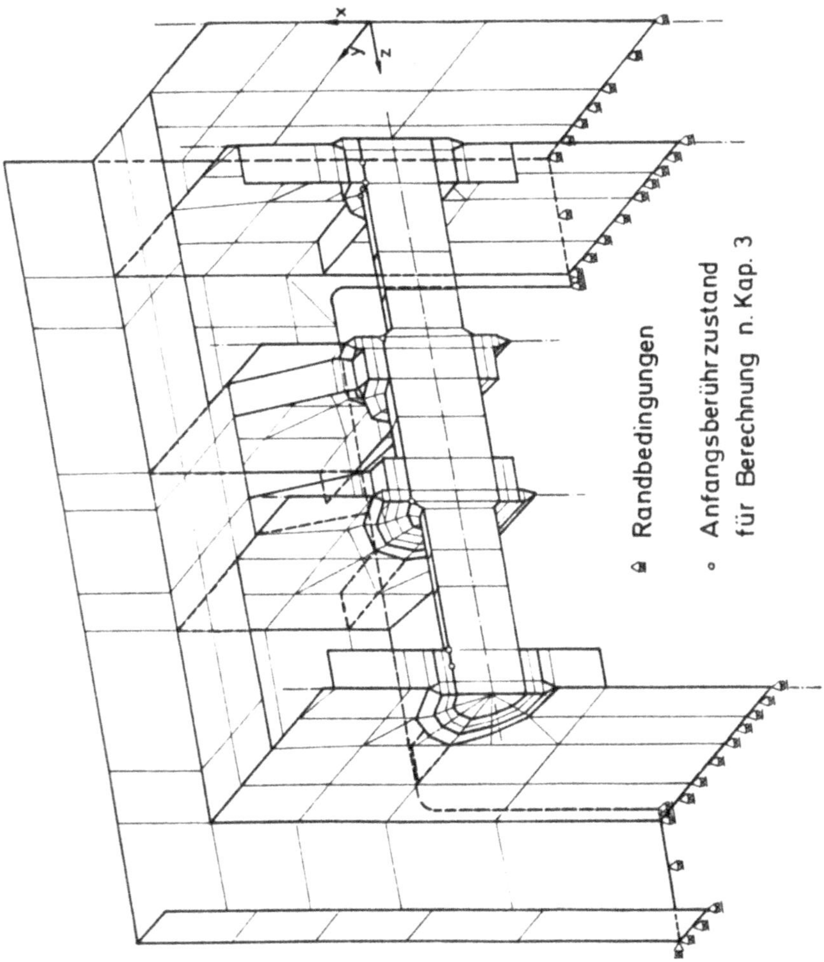
x
y
z
Randbedingungen
Anfangsberührzustand
für Berechnung n. Kap. 3

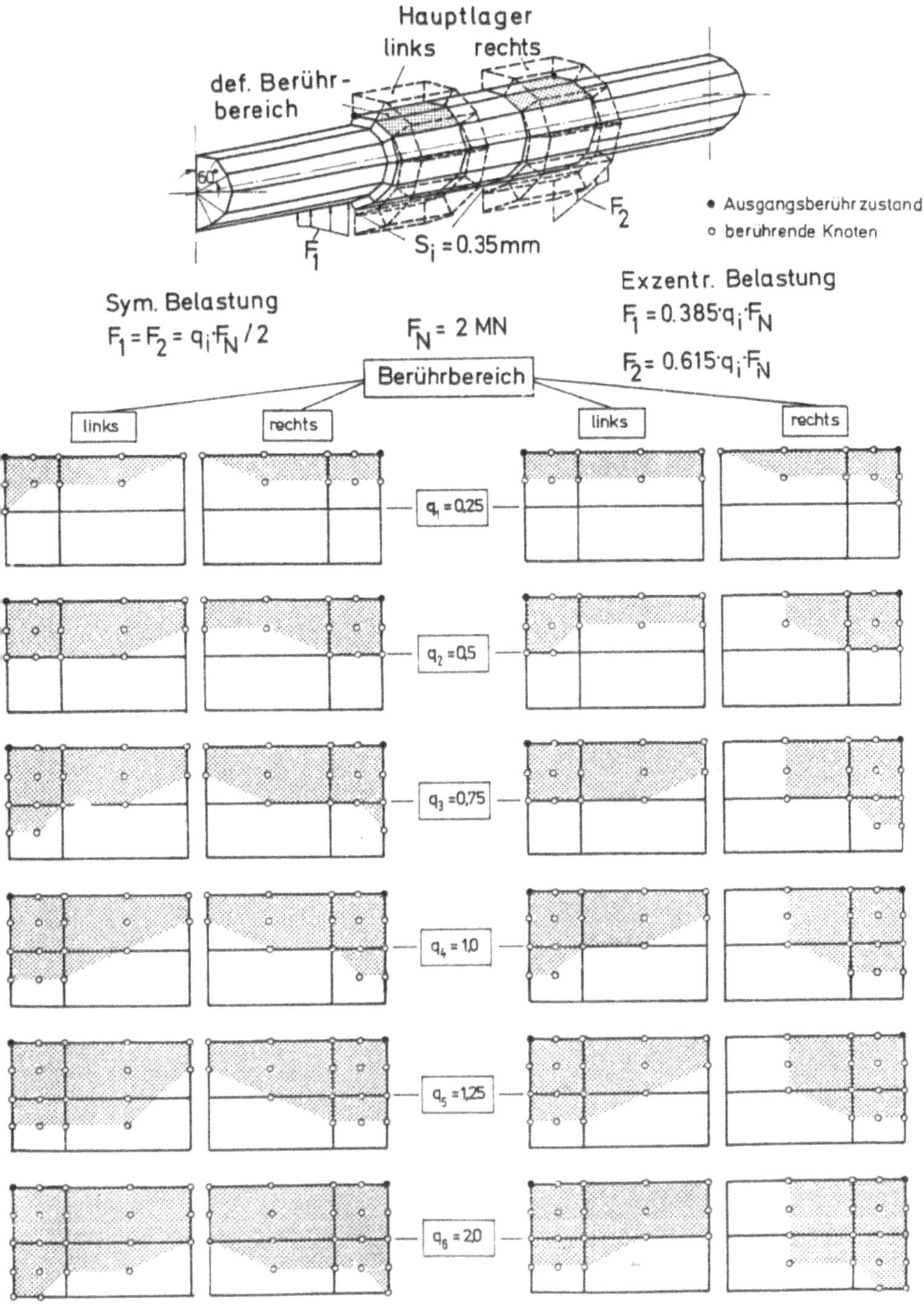

Bild 45: Berührflächenausbreitung zwischen Welle und Hauptlager bei symmetrischer und exzentrischer Arbeitsbelastung.

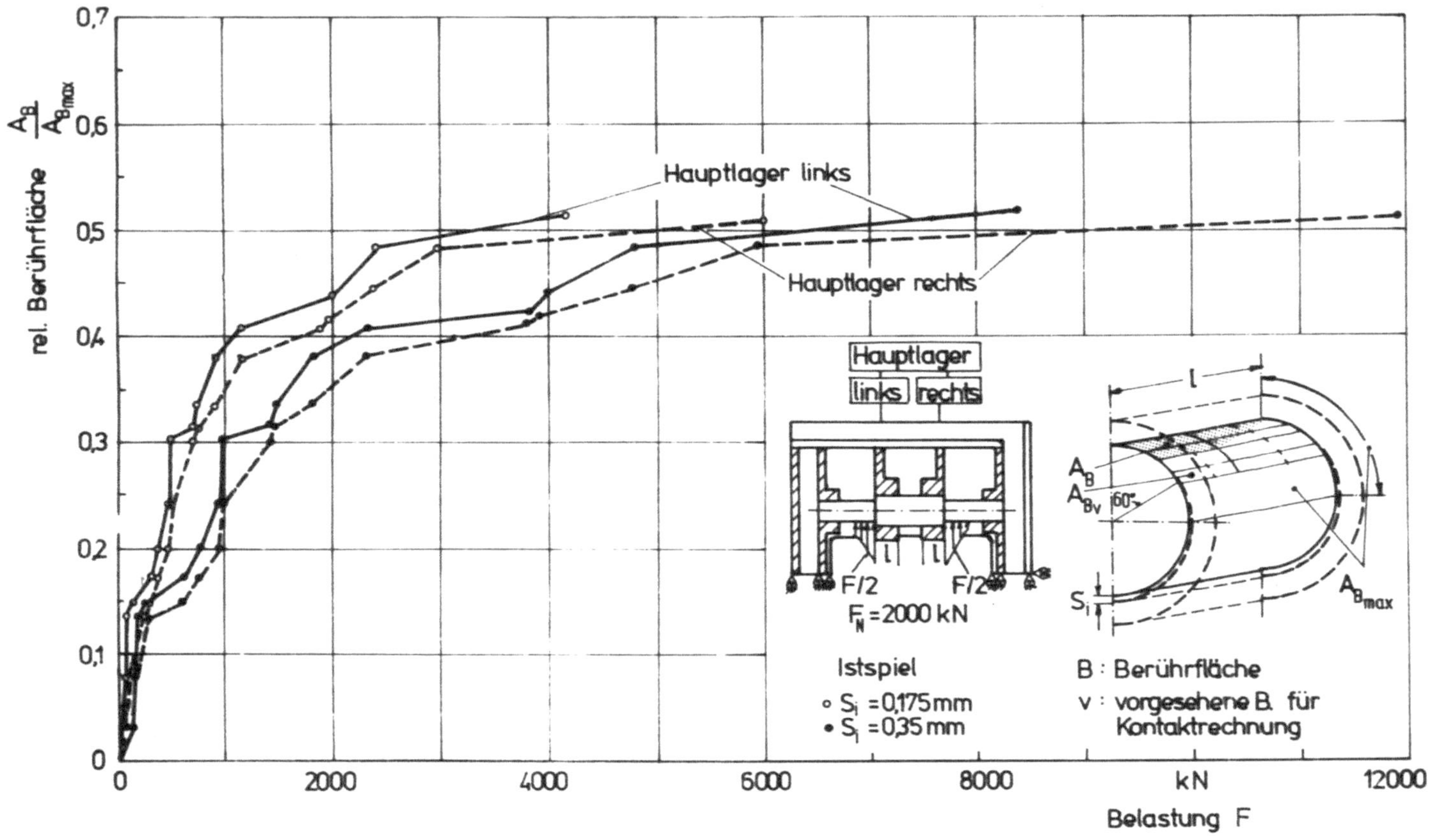

Bild 46: Relative Berührfläche zwischen Welle und Hauptlager bei symmetrischer Belastung.

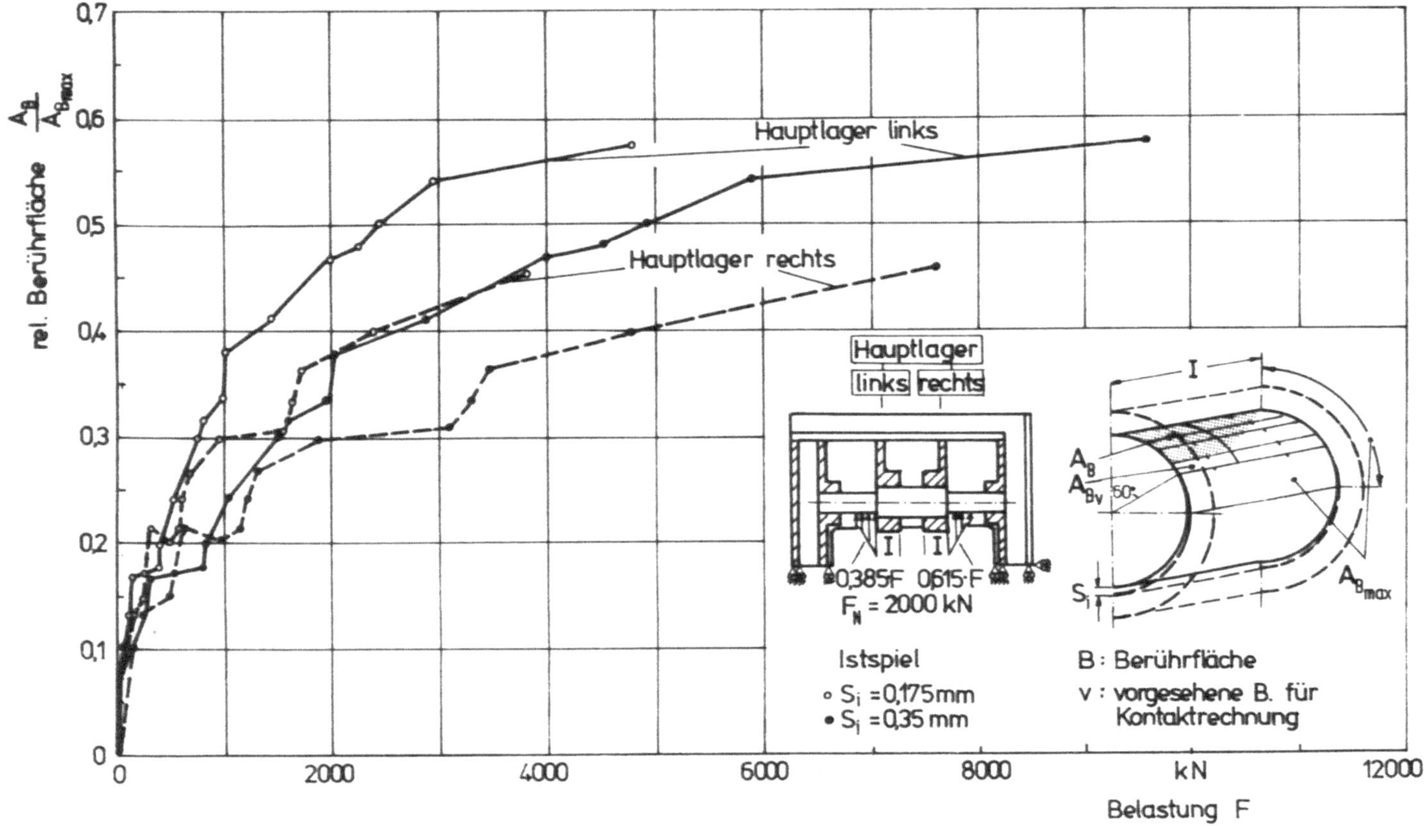

Bild 47: Relative Berührfläche zwischen Welle und Hauptlager bei unsymmetrischer Belastung.

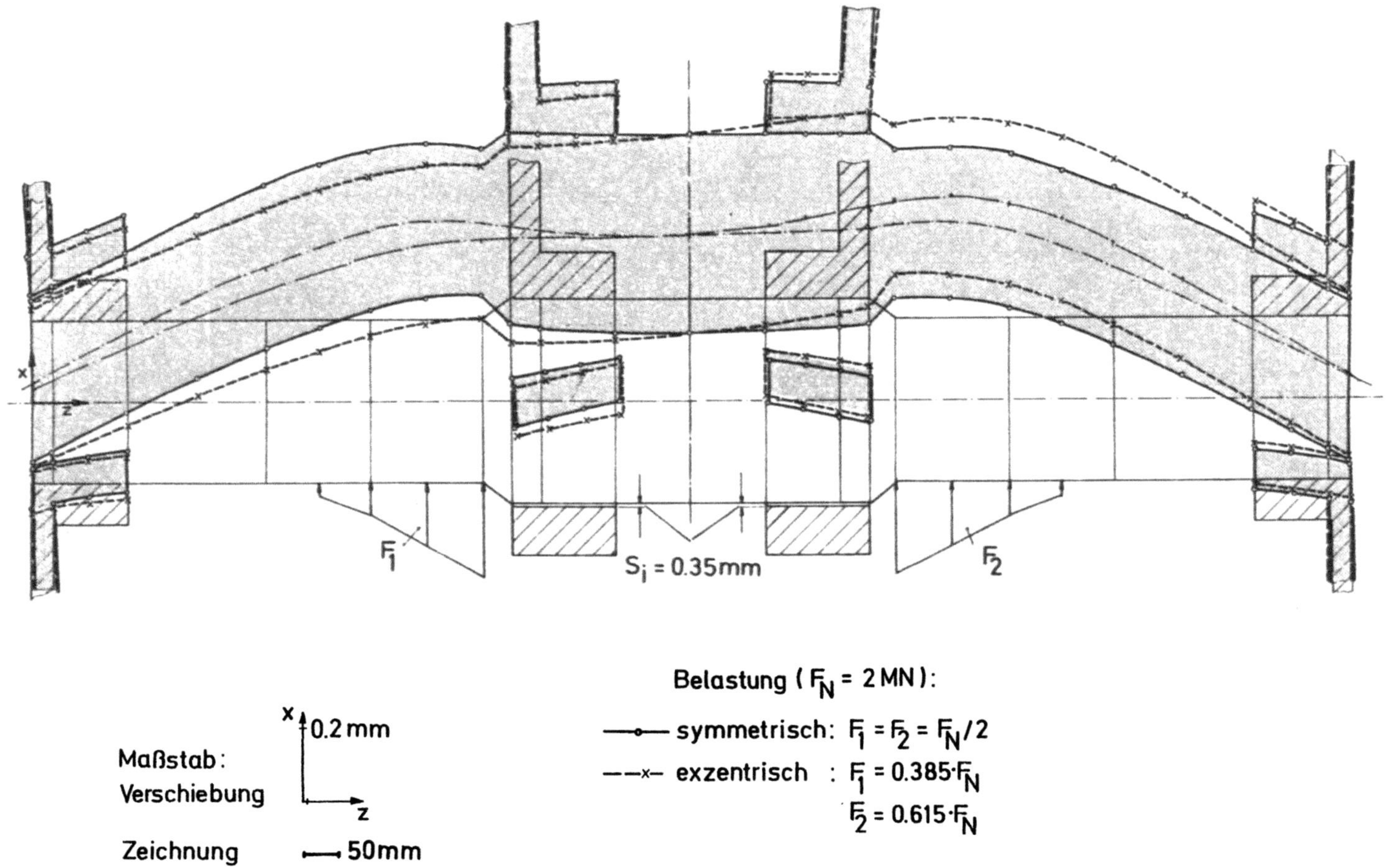

Bild 48: Verschiebungen im Bereich Welle-Lager bei symmetrischer und exzentrischer Belastung.

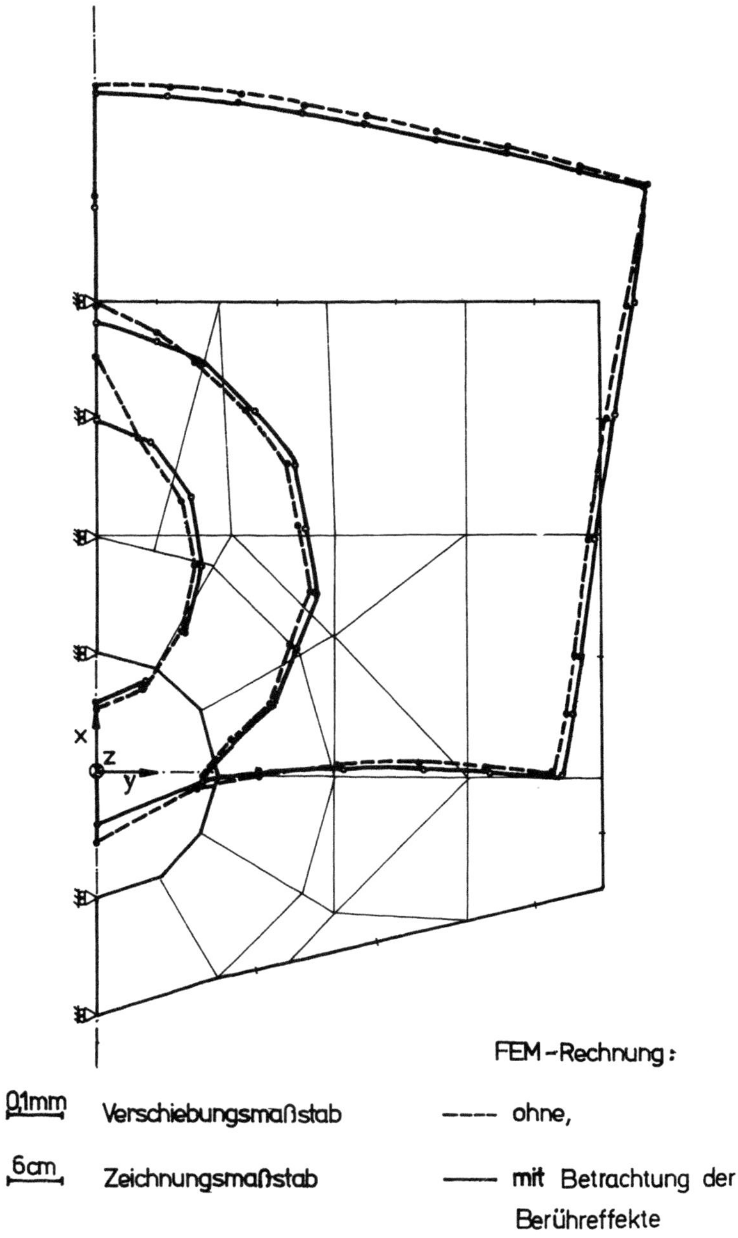

Bild 49: Verschiebungen des Hauptlagerblechs bei symmetrischer Nennbelastung.

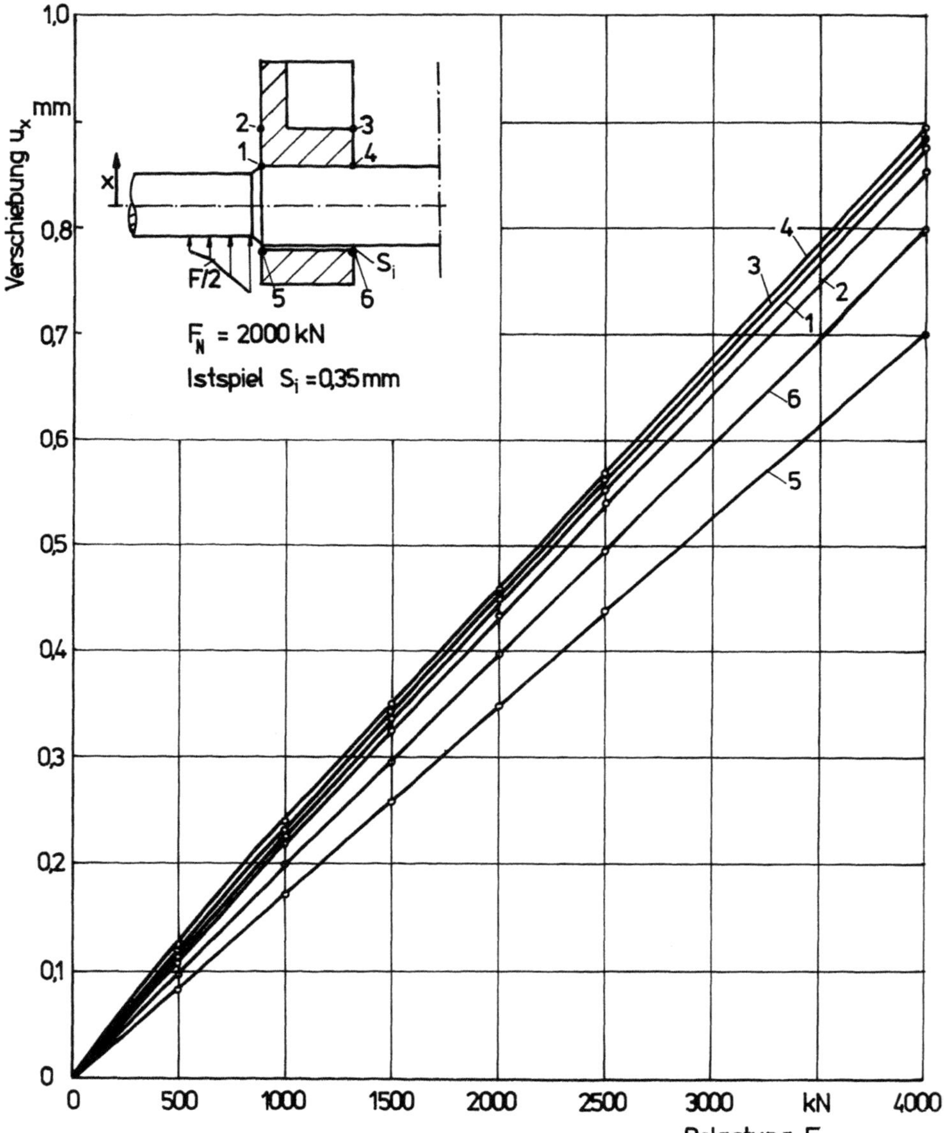

Bild 50: Verschiebungen ausgewählter Punkte am Hauptlager.

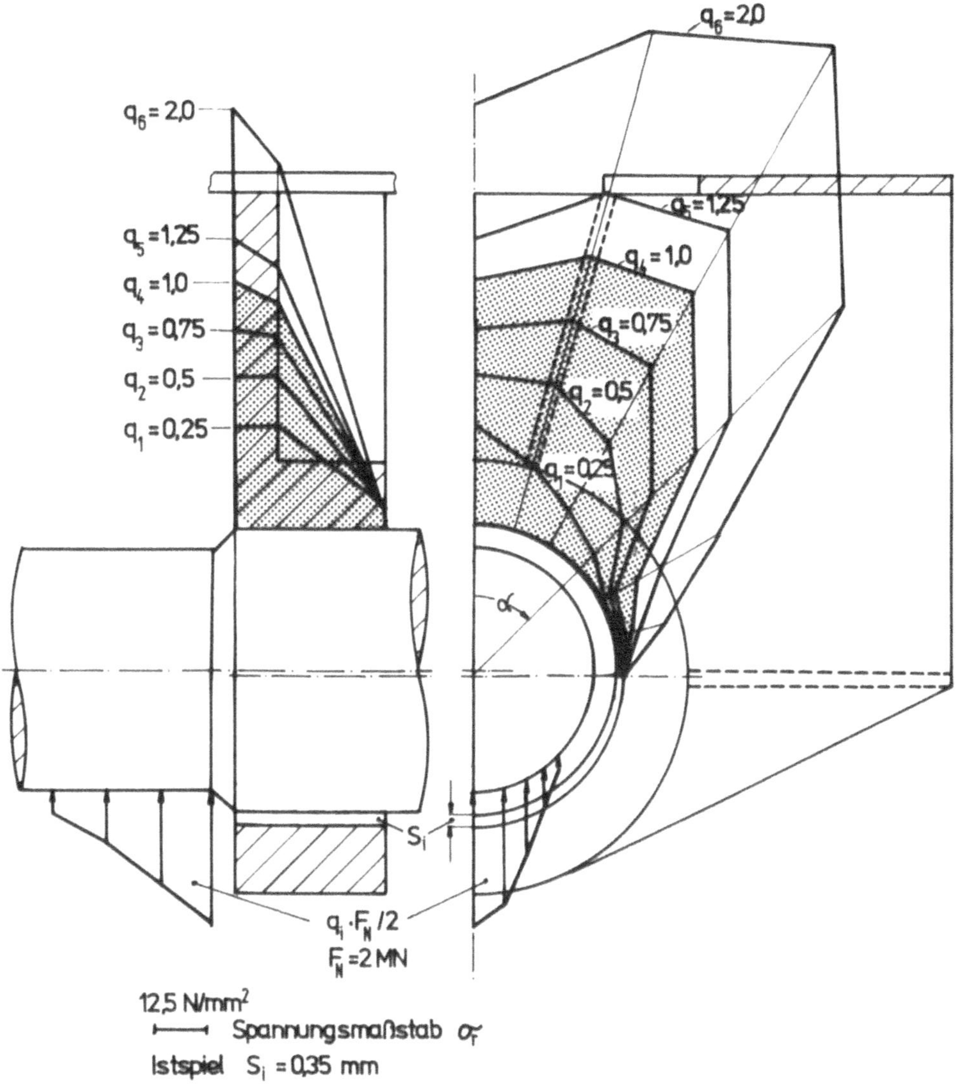

Bild 51: Druckspannungsverteilung in der Fuge bei symmetrischer Belastung ($q_4 = 1 \mathrel{\hat{=}}$ Nennlast).

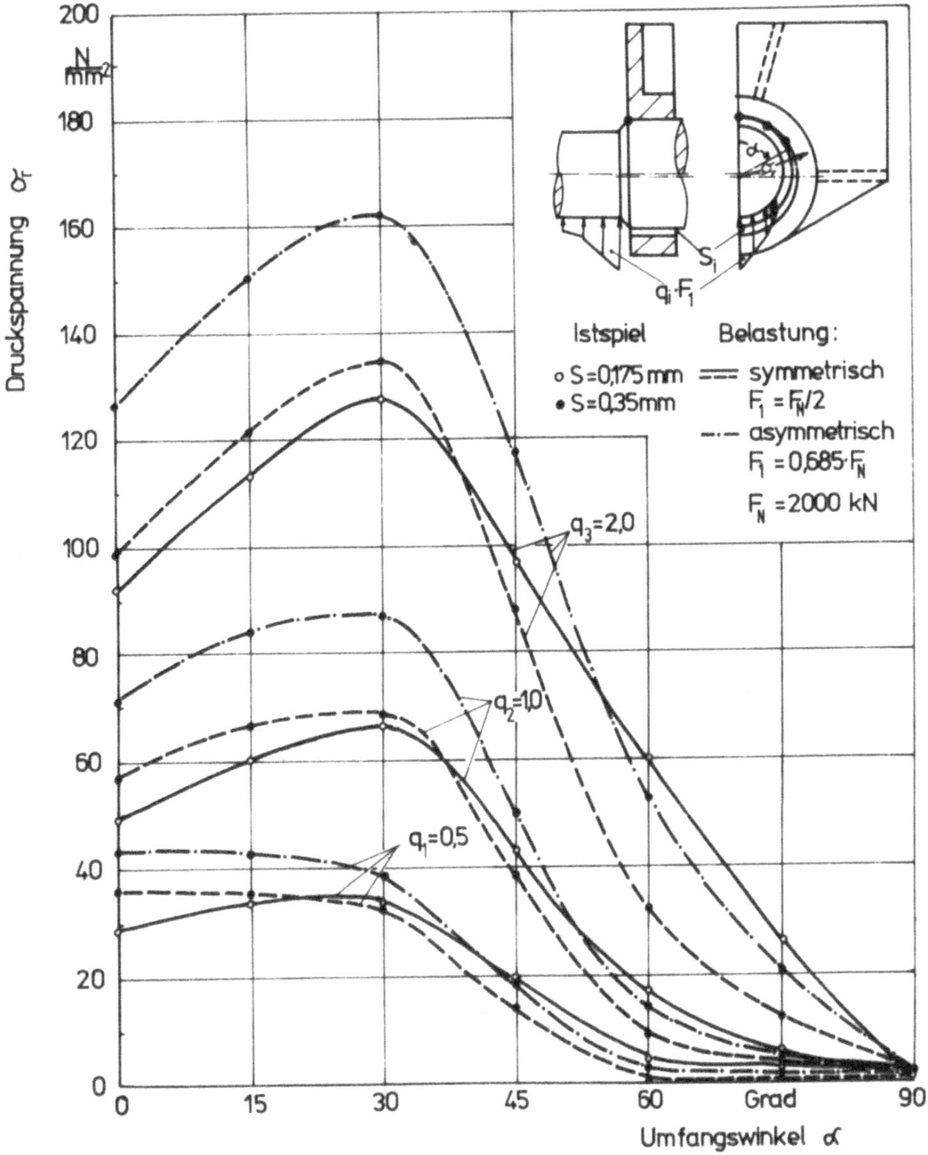

Bild 52: Druckspannungsverteilung für den symmetrischen und den exzentrischen Belastungsfall.

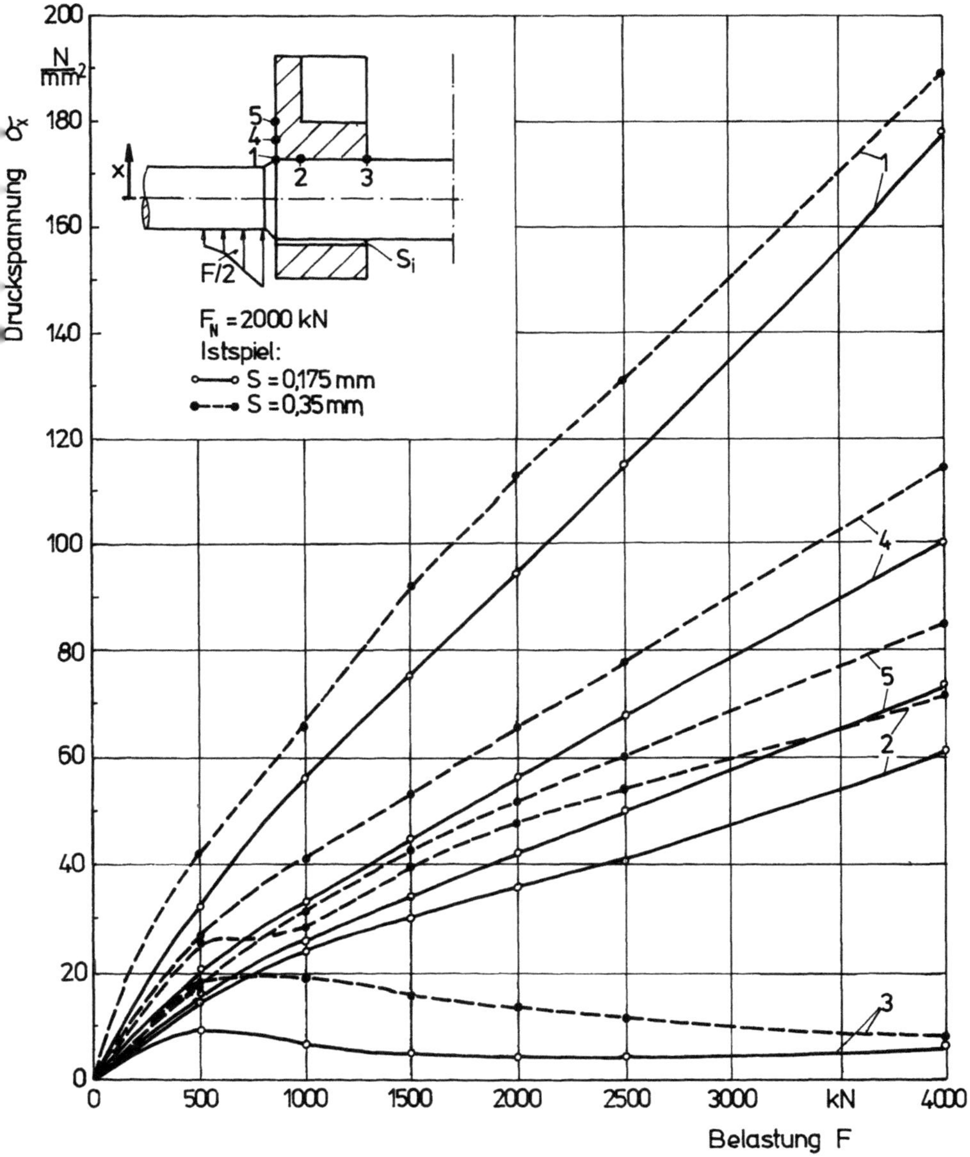

Bild 53: Druckspannungsverteilung an ausgewählten Punkten des Hauptlagers bei symmetrischer Belastung.

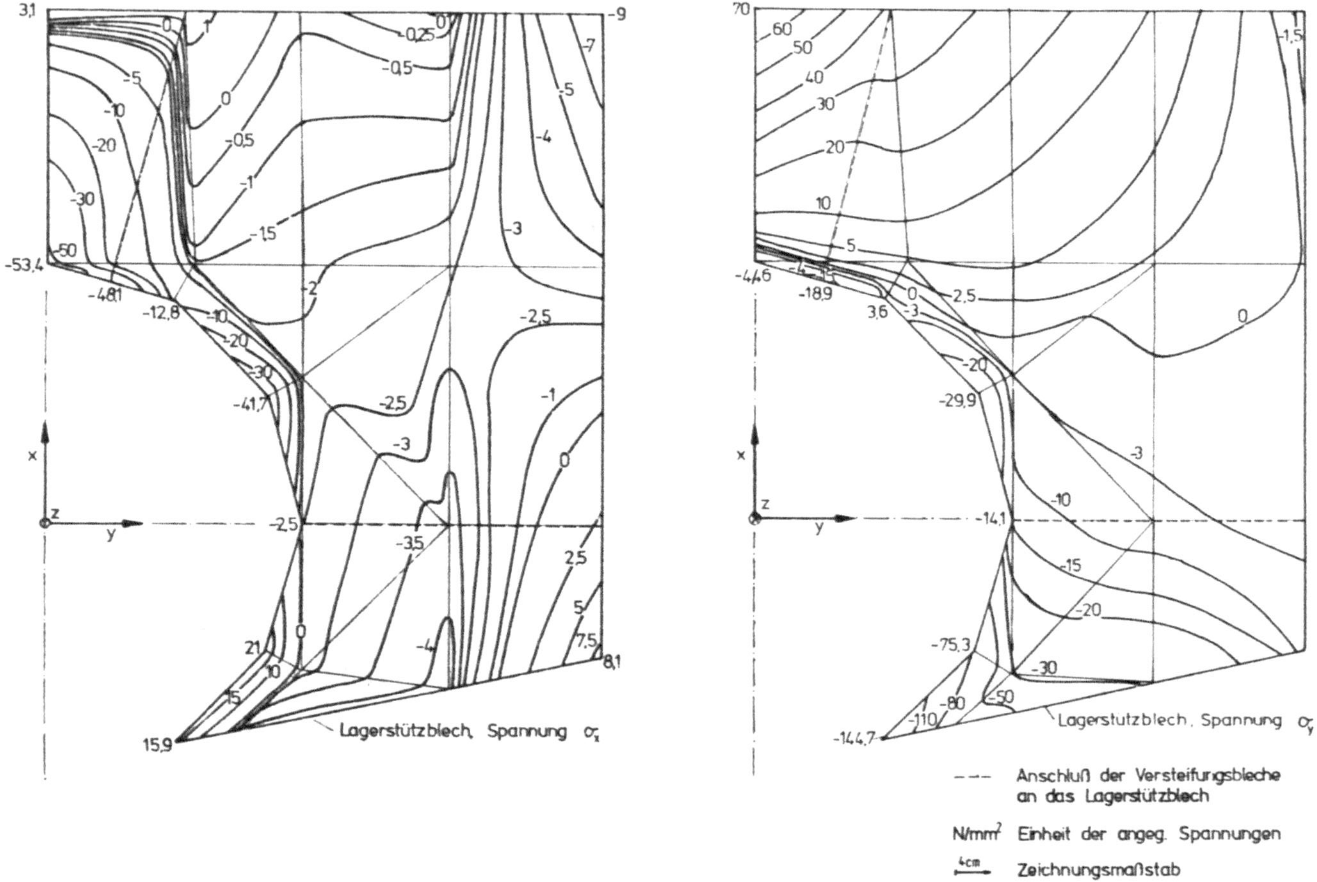

Bild 54: Linien konstanter Spannung σ_x, σ_y im Hauptlagerblech bei Nennlast.

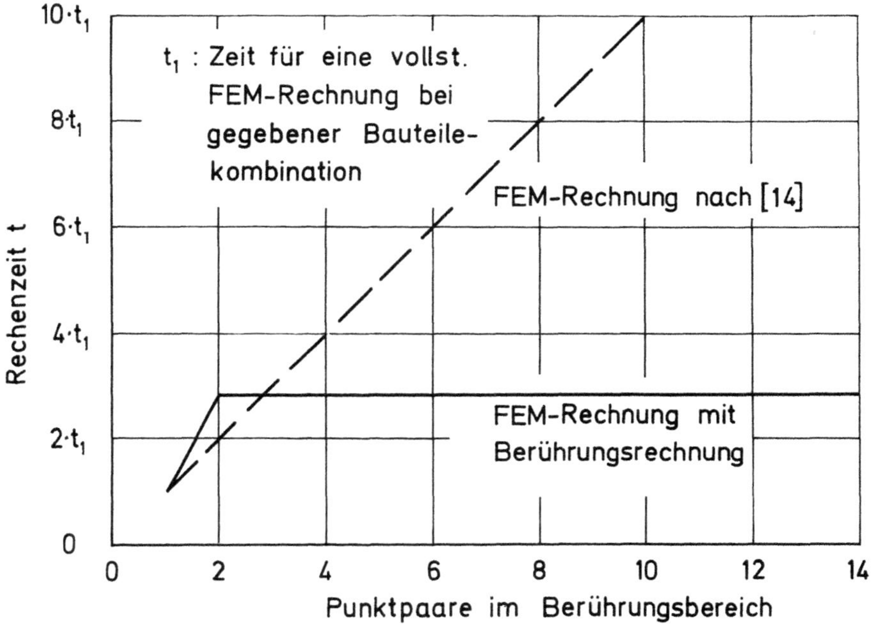

Bild 55: Rechenzeit bei der Berücksichtigung der Berühr-effekte.

Berichte aus dem Institut für Umformtechnik der Universität Stuttgart

Herausgeber Professor Dr.-Ing. Kurt Lange

1 **Untersuchung über den Einfluß der Belastungszeit auf die Streuung der Rückfederung von Biegeteilen**
Von Dipl.-Ing. Klaus Tafel. 70 Seiten Text u. 64 Seiten mit 49 Bildern u. 15 Tafeln. Vergriffen

2/3 **Untersuchungen über das freie Napfen**
Von Dipl.-Ing. Gerhard Schmitt und Dipl.-Ing. Dieter Schmoeckel.
Untersuchungen über den Kraft- und Arbeitsbedarf sowie den Umformwirkungsgrad beim Vorwärts-Vollfließpressen von Stahl
Von Dipl.-Ing. Dieter Kast. 40 Seiten Text u. 43 Seiten mit 47 Bildern u. 5 Tafeln. 28,— DM

4 **Untersuchungen über die Werkzeuggestaltung beim Vorwärts-Hohlfließpressen von Stahl und Nichteisenmetallen**
Von Dipl.-Ing. Dieter Schmoeckel. 72 Seiten Text u. 117 Seiten mit 179 Bildern. 39,— DM

5 **Untersuchungen über das Stauchen und Zapfenpressen**
Von Dipl.-Ing. Mårten Burgdorf. 126 Seiten Text u. 58 Seiten mit 138 Bildern u. 4 Tafeln. 55,— DM

6 **Untersuchungen über die Streuung der Kräfte und Arbeiten beim Fließpressen in der laufenden Fertigung und den Einfluß der Phosphatschichtdicke und des Schmiermittels**
Von Dipl.-Ing. Hans-Dietrich Witte. 38 Seiten Text u. 48 Seiten mit 49 Bildern. 30,— DM

7 **Untersuchungen über das Rückwärts-Napffließpressen von Stahl bei Raumtemperatur**
Von Dipl.-Ing. Gerhard Schmitt. 132 Seiten Text u. 93 Seiten mit 130 Bildern u. 5 Tafeln. 34,— DM

8 **Die Abbildegenauigkeit beim Biegen im 90°-V-Gesenk und ihre Beeinflussung durch Nachdrücken im Gesenk durch Nachdrücken im Gesenk**
Von Dipl.-Ing. Eckart Dannenmann. 50 Seiten Text u. 31 Seiten mit 28 Bildern u. 1 Tafel. Vergriffen

9 **Untersuchungen über den Zusammenhang zwischen Vickershärte und Vergleichsformänderung bei Kaltumformvorgängen**
Von Dipl.-Ing. Hans Wilhelm. 50 Seiten Text u. 35 Seiten mit 37 Bildern u 2 Tafeln. Vergriffen

10 **Untersuchungen über das Abstreckziehen von zylindrischen Hohlkörpern bei Raumtemperatur**
Von Dipl.-Ing. Rolf K. Busch. 86 Seiten Text u. 92 Seiten mit 97 Bildern. Vergriffen

11 **Vorgänge beim elektromagnetischen und elektrohydraulischen Umformen von metallischen Werkstücken**
Von Dipl.-Ing. Herbert Müller. 90 Seiten Text u. 110 Seiten mit 93 Bildern u. 10 Tafeln. 22,— DM

12 **Ein Verfahren zur näherungsweisen Berechnung des Spannungs- und Formänderungszustandes beim Fließen starrplastischer Werkstoffe**
Von Dipl.-Ing. Gerhard Adler. 124 Seiten Text u. 76 Seiten mit 72 Bildern. Vergriffen

13 **Modellgesetzmäßigkeiten beim Rückwärtsfließpressen geometrisch ähnlicher Näpfe**
Von Dipl.-Ing. Dieter Kast. 101 Seiten Text u. 73 Seiten mit 60 Bildern u. 6 Tafeln. Vergriffen

14 **Untersuchungen über das Genauschneiden von Stahl und Nichteisenmetallen**
Von Dipl.-Ing. Wilfried Krämer. 96 Seiten Text u. 132 Seiten mit 128 Bildern u. 10 Tafeln. Vergriffen

15 **Entwicklung und Erprobung eines Simulators zur reproduzierbaren Nachahmung der Kraft-Weg-Verläufe von Umformvorgängen**
Von Dipl.-Ing. Kurt Schmid. 88 Seiten Text u. 38 Seiten mit 35 Bildern u. 2 Tafeln. 17,— DM

16 **Walzrichten von Metallbändern mit symmetrisch angestellter Fünf-Walzen-Richtmaschine**
Von Dipl.-Ing. Hans-Dietrich Witte. 108 Seiten Text u. 63 Seiten mit 60 Bildern u. 8 Tafeln. 22,— DM

17/18 **Erzeugung räumlicher Blechgebilde mittels Flächenbiegung**
Konstruktion, Abwicklung und Herstellung von Schraubtorsen aus Blech
Von Prof. Dr.-Ing. E. h. Dr. techn. h. c. Otto Kienzle.
120 Seiten Text u. 55 Seiten mit 86 Bildern u. 3 Tafeln. 22,— DM

19 **Einfluß der Alterung auf die mechanischen Eigenschaften von Stählen zum Kaltfließpressen**
Von Dipl.-Ing. Vladimir Hasek, CSc. 43 Seiten Text u. 54 Seiten mit 50 Bildern u. 3 Tafeln. 16,— DM

20 **Beitrag zur Frage der Spannungen, Formänderungen und Temperaturen beim axialsymmetrischen Strangpressen**
Von Dipl.-Ing. Rolf Dalheimer. 118 Seiten Text u. 76 Seiten mit 79 Bildern u. 3 Tafeln. Vergriffen

21 **Über den Einfluß der Werkzeuggeschwindigkeit auf den Stauchvorgang**
Von Dipl.-Ing. H.-J. Metzler. 127 Seiten Text u. 100 Seiten mit 94 Bildern u. 6 Tafeln. 25,— DM

22 **Numerische Behandlung von Verfahren der Umformtechnik**
Von Dr.-Ing. Elmar Steck. 67 Seiten Text u. 22 Seiten mit 43 Bildern. 16,— DM

23 **Ein Verfahren zur näherungsweisen Berechnung der Wärmeentwicklung und der Temperaturverteilung beim Kaltstauchen von Metallen**
Von Dipl.-Ing. Walther Pohl. 78 Seiten Text u. 51 Seiten mit 61 Bildern u. 4 Tafeln. 21,— DM

24 **Untersuchungen über das Drückwalzen zylindrischer Hohlkörper und Beitrag zur Berechnung der gedrückten Fläche und der Kräfte**
Von Dipl.-Ing. Hans-Jürgen Dreikandt. 161 Seiten Text u. 79 Seiten mit 73 Bildern u. 6 Tafeln. Vergriffen

25 **Über den Formänderungs- und Spannungszustand beim Ziehen von großen unregelmäßigen Blechteilen**
Von Dipl.-Ing. Vladimir Hasek, CSc. 129 Seiten Text u. 106 Seiten mit 109 Bildern u. 9 Tafeln. 35,— DM

26 **Über die Anisotropie des plastischen Verhaltens stranggepreßter Stäbe aus hexagonalen Metallen**
Von Dipl.-Ing. Günther Schröder. 129 Seiten Text u. 75 Seiten mit 97 Bildern u. 2 Tafeln. Vergriffen

27 **Die Messung der mechanischen Kontaktspannung in der Wirkfuge**
Werkzeug — Werkstück bei Umformverfahren
Von Dipl.-Ing. Fritz Dohmann. 99 Seiten Text u. 82 Seiten mit 93 Bildern u. 4 Tafeln. Vergriffen

28 **Beitrag zur rechnerunterstützten Auslegung von Pressengestellen**
Von Dipl.-Ing. Manfred Geiger. 94 Seiten u. 56 Seiten mit 63 Bildern. Vergriffen

29 **Untersuchungen über das Aufweittiefziehen**
Von P. S. Raghupathi, M. E. ISBN 3-7736-0780-6.
80 Seiten Text u. 54 Seiten mit 73 Bildern u. 2 Tafeln. 32,— DM

30 **Faltenbildung als Verfahrensgrenze beim Stauchen von Hohlkörpern**
Von Dipl.-Ing. Klaus Dieterle. ISBN 3-7736-0781-4.
55 Seiten Text u. 35 Seiten mit 43 Bildern u. 3 Tafeln. 28,— DM

31 **Beitrag zur Ermittlung von Fließkurven im kontinuierlichen hydraulischen Tiefungsversuch**
Von Dipl.-Ing. Franc Gologranc. ISBN 3-7736-0785-7.
125 Seiten Text u. 58 Seiten mit 95 Bildern u. 6 Tafeln. Vergriffen

32 **Untersuchungen an Strangpreßmatrizen**
Von Dipl.-Ing. Klaus Gieselberg. ISBN 3-7736-0786-5.
101 Seiten Text u. 56 Seiten mit 69 Bildern. 45,— DM

33 **Beitrag zur Messung der Strangoberflächentemperatur beim Strangpressen**
Von Dipl.-Ing. Karl-Heinz Friedrich. ISBN 3-7736-0787-3.
83 Seiten Text u. 90 Seiten mit 84 Bildern u. 3 Tafeln. 48,— DM

34 **Über das Umformverhalten von Blechen aus Titan und Titanlegierungen**
Von Dipl.-Ing. Hans Wilhelm. ISBN 3-7736-0788-1.
107 Seiten Text u. 69 Seiten mit 76 Bildern u. 13 Tafeln. 48,— DM

35 **Untersuchung der magnetischen Induktion, Stromdichte und Kraftwirkung bei der Magnetumformung**
Von Dipl.-Ing. Volker Schmidt. ISBN 3-7736-0789-X.
60 Seiten Text u. 53 Seiten mit 84 Bildern. 21,— DM

36 **Der Stofffluß beim kombinierten Napffließpressen**
Von Dipl.-Ing. Rolf Geiger. ISBN 3-7736-0790-3.
111 Seiten Text u. 74 Seiten mit 80 Bildern u. 6 Tafeln. Vergriffen

37 **Beitrag zum Verhalten superplastischer Werkstoffe beim Massivumformen**
Von Dipl.-Ing. Hans Schelosky. ISBN 3-7736-0791-1.
123 Seiten Text u. 61 Seiten mit 60 Bildern u. 4 Tafeln. 48,— DM

38 **Energieumsatz beim elektrohydraulischen Umformen**
Von Dipl.-Ing. Hans-Joachim Weckerle. ISBN 3-7736-0792-X.
103 Seiten Text u. 46 Seiten mit 56 Bildern. 45,— DM

39 **Elastische Wechselwirkungen an Gestell und Hauptgetriebe weggebundener Pressen**
Von Dipl.-Ing. Lutz Schemperg. ISBN 3-7736-0793-8.
91 Seiten Text u. 58 Seiten mit 65 Bildern u. 3 Tafeln. 45,— DM

40 **Über das plastische Verhalten von Sintermetallen bei Raumtemperatur**
Von Dipl.-Ing. Hartmut Höneß. ISBN 3-7736-0794-6.
84 Seiten Text u. 54 Seiten mit 67 Bildern u. 2 Tafeln. 45,— DM

41 **Untersuchungen zum Halbwarmfließpressen von Stahl**
Von Dr.-Ing. Rolf Geiger, Dipl.-Ing. Eckart Dannenmann und Dipl.-Ing. Jean Stefanakis.
ISBN 37736-0795-4. 50 Seiten Text u. 33 Seiten mit 34 Bildern u. 2 Tafeln. Vergriffen

42 **Änderung der Werkstoffeigenschaften beim Ziehen von zylindrischen Hohlkörpern aus austenitischen und ferritischen nichtrostenden Stählen**
Von Dipl.-Ing. Rolf Zeller. ISBN 3-7736-0796-2.
80 Seiten Text u. 52 Seiten mit 34 Bildern u. 2 Tafeln. 38,— DM

43 **Untersuchungen über das Fließpressen superplastischer Werkstoffe**
Von Dr.-Ing. Hans Schelosky. ISBN 3-7736-0797-0.
36 Seiten Text u. 24 Seiten mit 26 Bildern u. 1 Tafel. 30,— DM

44 **Umformende Bearbeitung in flexiblen Fertigungssystemen**
Von Dipl.-Ing. Hartmut Kaiser. ISBN 3-7736-0798-9.
87 Seiten Text u. 24 Seiten mit 47 Bildern. 36,— DM

45 **Geometrische Eigenschaften tiefgezogener kreiszylindrischer Näpfe**
Von Dipl.-Ing. Dieter Schlosser. ISBN 3-7736-0799-7.
107 Seiten Text u. 64 Seiten mit 60 Bildern u. 9 Tafeln. 48,— DM

46 **Die Eigenschaften einer AlZnMgCu-Legierung nach ausgewählten Kombinationen von Wärmebehandlung und Kaltumformung**
Von Dipl.-Ing. Karl Hankele. ISBN 3-7736-0880-2.
86 Seiten Text u. 51 Seiten mit 52 Bildern u. 4 Tafeln. 45,— DM

47 **Kaltmassivumformen von Sintermetall**
Von Dipl.-Ing. Hans Dieter Schacher. ISBN 3-7736-0881-0.
84 Seiten Text u. 44 Seiten mit 47 Bildern u. 5 Tafeln. 42,— DM

48 **Rechnerunterstützte Arbeitsplanerstellung und Kostenrechnung beim Kaltmassivumformen von Stahl**
Von Dipl.-Ing. Peter Noack. ISBN 3-7736-0882-9.
216 Seiten Text u. 116 Seiten mit 134 Bildern u. 23 Tafeln. 65,— DM

49 **Beitrag zur beanspruchungsgerechten Auslegung von rotationssymmetrischen Fließpreßmatrizen**
Von Dipl.-Ing. Günther Krämer. ISBN 3-7736-0883-7.
94 Seiten Text u. 53 Seiten mit 56 Bildern. 48,— DM

50 **Erzeugung gratfreier Schnittflächen durch Aufteilen des Schneidvorgangs (Konterschneiden)**
Von Dipl.-Ing. Heinz Liebing. ISBN 3-7736-0884-5.
87 Seiten Text u. 51 Seiten mit 55 Bildern u. 4 Tafeln. 46,— DM

Die Berichte 1 bis 28 sind zu beziehen durch das Institut für Umformtechnik, Holzgartenstr. 17, 7000 Stuttgart 1
Die Berichte 29 bis 50 sind zu beziehen durch den Verlag W. Girardet, Postfach 9, 4300 Essen

51 **Berechnung der elastischen Eigenschaften von Baugruppen im Pressenbau**
Von Dipl.-Ing. Herbert Blum. ISBN 3-540-09804-6.
151 Seiten mit 55 Abbildungen.

52 **Untersuchung der Verfahrensgrenzen beim 180°-Biegen von Fein- und Mittelblechen**
Von Dipl.-Phys. Wolfgang Schaub.
65 Seiten mit 27 Abbildungen.

53 **Abstreckgleitziehen von nichtrostenden austenitischen Stählen**
Von Dipl.-Ing. Jobst-H. Kerspe.
109 Seiten mit 46 Abbildungen.

Die Berichte 51 und folgende sind zu beziehen durch den Springer-Verlag, Berlin Heidelberg New York

GPSR Compliance

The European Union's (EU) General Product Safety Regulation (GPSR) is a set of rules that requires consumer products to be safe and our obligations to ensure this.

If you have any concerns about our products, you can contact us on ProductSafety@springernature.com

In case Publisher is established outside the EU, the EU authorized representative is:

Springer Nature Customer Service Center GmbH
Europaplatz 3
69115 Heidelberg, Germany

Batch number: 10682421

Printed by Printforce, the Netherlands